艺术设计 ARTDESIGN

高等院校艺术学门类『十三五』规划教材

# 居室空间设计

JUSHI KONGJIAN SHEJI


主　编　周　麒　肖　灿

副主编　姜　陈　王　昭　张　剑　陈　蕊

参　编　龙　燕　金　科　刘　波　李　璇　甘　俊
张　凌　朱　力　杨　柳　费　雯　宋　妮
吴展鹏　桂　林　徐学年　邓晓娇　朱　姝
黄　信　兰　鹏　曹　哲　罗倩倩

華中科技大學出版社
http://www.hustp.com
中国·武汉

## 内容简介

本书包括概论、居室空间设计风格及元素的运用、客厅设计、餐厅设计、厨房设计、卧室设计、书房设计、卫浴间设计、公共走道及楼梯设计、储存空间设计、设计方法及案例鉴赏等方面的内容。

本书针对社会需求及教学内容，有针对性地对居室空间设计进行深入透彻的介绍与分析，有助于读者掌握居室空间设计的要领和技法。

**图书在版编目（CIP）数据**

居室空间设计 / 周麒，肖灿主编. — 武汉：华中科技大学出版社, 2015.4（2022.8 重印）

高等院校艺术学门类“十三五”规划教材

ISBN 978-7-5680-0811-2

Ⅰ.①居… Ⅱ.①周… ②肖… Ⅲ.①住宅－室内装饰设计－高等学校－教材 Ⅳ.①TU241

中国版本图书馆 CIP 数据核字(2015)第 086585 号

**居室空间设计** 周 麒 肖 灿 主编

策划编辑：彭中军

责任编辑：沈婷婷

封面设计：龙文装帧

责任校对：刘 竣

责任监印：张正林

出版发行：华中科技大学出版社（中国·武汉）

武昌喻家山 邮编：430074 电话：（027）81321913

录 排：龙文装帧

印 刷：武汉科源印刷设计有限公司

开 本：880 mm × 1 230 mm 1/16

印 张：7.25

字 数：224 千字

版 次：2022 年 8 月第 1 版第 5 次印刷

定 价：49.00 元

# 目录

JUSHI KONGJIAN SHEJI

第一章

# 概论

GAILUN

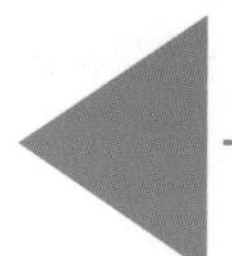

# 第一节 导论

## 一、预备知识

学习这门课程前应该具有速写、色彩、构成等美术基础，具备建筑装饰制图和识图的能力，能掌握计算机软件 CAD、3DMAX 等操作技巧。

## 二、学前准备

准备绘图工具。用钢笔、笔记本和数码照相机随时记录信息，捕捉设计灵感。用计算机和卷尺可以方便地测量精确的尺寸。

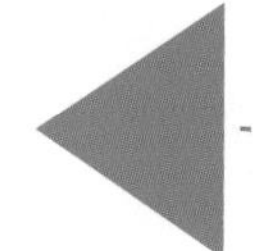

# 第二节 居室空间设计的基本理念

## 一、居室空间设计的概念

居室，指供家庭居住使用的建筑。居室在狭义上等同于家。

空间，老子对空间的形成有过精辟的描述："埏埴以为器，当其无，有器之用。凿户牖以为室，当其无，有室之用。是故有之以为利，无之以为用。"由此可见，空间是建筑最根本的内涵，也是室内设计最基本的要素之一。

## 二、居室空间设计发展的趋势

### 1. "人性化"主题

居室空间设计要全面考虑"人为核心"这一法则，即"人性化"主题。当前"以人为本"的设计思想已成为共识。为人设计，为人服务，这是居室空间设计的最大特点，也是室内设计师的根本理念和崇高职责。

### 2. 生态设计

生态设计的范畴很广，主要是指在设计上一定要具有环境意识——绿色设计，如小环境的绿色设计包括健康宜人的温度和湿度、清洁的空气、好的水环境和声环境，以及灵活宽敞的室内空间等。另外，绿色设计还指选用环保材料和设备。

3. 强化地域文化

现代居室空间设计在经历了实用性—舒适性—个性化的三次转变之后，人们开始对传统文化与乡土文化重新认识和重视，呼吁室内设计要有我们自己民族的特色，即要强化地域特点，重视文化内涵。也就是在设计中必须重视对民族文化、地域文化、业主个人素质与审美情趣等文化元素的研究和融入。

4. “可持续”设计观

寻求“可持续”设计理念，打造健康的生活环境，这是对上述三点的概括和升华。对于室内设计而言，尤其讲究有机统一和可持续性发展。要因地制宜，以人和环境为出发点，采取具有民族特点、地方风格，且充分考虑历史文化的延续和自然发展规律的设计手法，在结合业主文化背景及生活品位的同时，强调生态设计，注重环保、节能，减少污染，打造真正健康的生活环境。

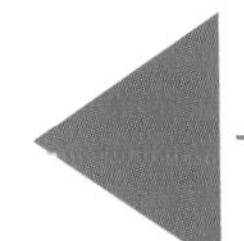

# 第三节 居室内部空间特征

## 一、居室空间流线分析

流线，是指人在室内日常活动的路线。一般来说，居室中的流线可划分为家务流线、家人流线和访客流线，三条线不能交叉，这是流线设计中的基本原则。

1. 家务流线

储藏柜、冰箱、水槽、炉具的顺序安排，决定了下厨流线。举例来说，假如料理台的流线规划先是冰箱，然后是水槽，再是炉具，则感觉流线并不顺畅，如果一开始的安排就是冰箱、水槽、炉具，人们使用起来会感觉更流畅。

2. 家人流线

家人流线主要是指存在于卧室、卫浴室、书房等私密性较强的空间活动的路线。目前流行的是在卧室里面设计一个独立的卫浴室，这就是为了符合人们的心理特点。

3. 访客流线

访客流线主要是指由入口进入客厅区域的活动路线。访客流线不应与家人流线和家务流线交叉，以免客人来拜访时影响家人休息或工作。

## 二、居室空间的组成部分

根据居室空间的流线分析，以及各空间的功能性质，通常可将其划分为三类：一是家庭成员公共活动空间；二是家庭成员个人活动的私密性空间；三是家庭成员的家务工作空间。

1. 公共活动空间

公共生活区域是以家庭公共需要为服务对象的综合活动场所，是家人与亲友联络情感的日常聚会场所，它不仅能调节身心，陶冶情操，而且可以沟通情感，增进家庭成员的关系。我们可以从空间的功能上依据不同的需求定义出门厅、客厅、餐厅、游戏室、视听室等属于公共活动性质的空间。

### 2. 私密性空间

私密性空间是为家庭成员进行私密行为所设计的空间。它能充分满足家庭成员的个体需求，既是成人享受私密权利的禁地，也是子女健康成长的重要物质条件之一。私密性空间主要包括卧室、书房、卫浴室等，卧室和卫浴室是供人休息、睡眠、梳洗、更衣、淋浴等活动的私密性空间。

### 3. 家务工作空间

家务工作是琐碎且任务繁重的工作，人们为此需要付出大量的时间和精力。家务活动以准备膳食、洗涤餐具和衣物、清洁环境、修理设备为主要内容，它所需要的场地和设备包括厨房、操作台、清洁机具（洗衣机、吸尘器、洗碗机）以及用于储存的设备（如冰箱、冷柜、衣橱、碗柜等），必须完善合理。否则，家庭主妇们必将手忙脚乱，疲于应付，这不仅会影响个人的身心健康，而且影响家庭生活的舒适、美观及便利。

## 三、居室空间风水学设计

风水亦称风水学，《现代汉语词典》是这样定义的：风水指住宅基地、坟地等的地理形势，如山脉、山水的方向等，迷信的人认为风水好坏可以影响其家族、子孙的盛衰吉凶。《辞海》的定义是：风水，也叫堪舆。中国的一种迷信，认为住宅基地或坟地周围的风向水流等形式能招致住者或葬者一家的祸福，也指相宅、相墓之法。近年来学者们对《辞海》中风水学的定义持不同见解，主要倾向是不同意将风水与迷信画等号。他们认为，中国传统风水学既有科学的一面，也有其迷信的一面。事实上我们在长期的实践过程中，积累了丰富的风水理论经验，也通过理论思维，吸取融汇了古今中外科学、哲学、美学、伦理学，以及宗教、民俗等方面的众多智慧，最终形成了内涵丰富、综合性和系统性很强的独特理论体系。这种理论体系正好将风水学中的朴素真理与各种知识相互嫁接、融合，使我们对自然生态的认识更协调、更同步。可以肯定，通过我们积极发掘、整理和研究，去粗取精，去伪存真，可以使其更加系统化、科学化、规范化，为保护传统文化做出贡献。

下面我们一起来看看风水理论与中国民居的结合。以北京四合院为例，在北京四合院布局样式中，子山午向，先以一座单体建筑为主，然后以这座单体建筑为中心，在其前部两侧各建一座附属房屋，两房呈对称之势，三者组合成平面布局的凹形，然后于三者前部建正面向内的倒座房一座，共同围合成四合院。院落的大门开设在巽位上。四合院的大门设置在东南角是有一定讲究的。北京四合院按后天八卦建置。东南角的“巽”则是“风”的意思。风水中“风”的作用主要是对“气”产生影响，可见“藏风”是为了达到聚气的目的。《黄帝内经》认为：坎、乾、兑和坤等方向的风均是寒冷之风，极容易将“生气”吹散，对人体造成伤害，所以需要抵挡才行。这些关于“风”的不同方向的属性和利害的认识和记载，在今天得到了科学的证实。从中国所处地理环境的特点来看，中国常年盛行的主导风向是子午风向。南向风温暖湿润，北向风寒冷干燥，因此，古人在人居环境选择时普遍重视这个山向。

风水中的方位观念可以用左为青龙，右为白虎，前为朱雀，后为玄武来表示。在四合院的布局中，东西厢房则是代表着青龙位和白虎位，正房前面，中心院最南的轴线建筑的垂花门的悬山与卷棚连搭的屋顶代表朱雀位。后罩房代表着玄武位。

住宅风水作为一种文化遗产，对人们的意识和行为有深远的影响。它既含有科学的成分，又含有迷信的成分。正确理解住宅风水与现代居住理念，才能吸取其精华，摒弃其糟粕；才能达到人与自然的和谐统一，关注居住与自然及环境的整体关系。

第二章

# 居室空间设计风格及元素的运用

JUSHI KONGJIAN SHEJI FENGGE JI YUANSU DE YUNYONG

自出现以来，人类总是在不断地改善自己的生存条件。人从最基本的食、衣、住、行过渡到住、行、衣、食经历了漫长的岁月。在现代社会中，人们将居住的需求放在首位，早已成为无可争辩的事实。物质生活的不断丰富，促使人们不断地对居住空间的使用功能和审美功能提出新的要求。科技的进步也为提高人类居住环境创造了条件。在人们建筑形式和室内空间形式、陈设艺术、装饰艺术等审美标准的演进中，出现过经久不衰的经典样式，也出现过缤纷多彩、转瞬即逝的众多潮流派别。尽管它们展现、存在的时间不同，表现形式各异，但是相同点是明显的，就是它们都受到社会经济发展的直接影响，也都同时受到当时文化背景的制约。它们都是随历史潮流而动的文化现象，都是社会发展到一定阶段的产物。接下来我们一起来看一下，在目前居室空间设计中，流行的几种设计风格。

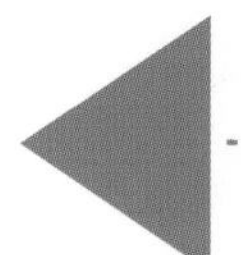

# 第一节 新中式风格及元素的运用

## 一、新中式风格的定义及包括的内容

新中式风格主要包括两方面的内容：一是中国传统风格文化意义在当前时代背景下的演绎；二是对中国当代文化充分理解基础上的当代设计，将现代元素和传统元素结合在一起，以现代人的审美需求来打造富有传统韵味的事物，让传统艺术在当今社会中得以体现。新中式设计将中式家具原始功能进行改进，使之更舒适。新中式家具多对明清家具样式进行创新，让人感觉沉稳大气又不失灵巧柔美。

新中式风格室内设计以中国传统精髓为框架，其手法和元素则追求形式的简练与风格的统一。同时也使用现代的材质或是形式，对传统文化进行探索创新。中式传统元素融入现代住宅的每一个细节：采用细致的中式传统窗格、门扇装饰墙面、顶棚来充当屏风、隔断；用经典的青瓷灯具做装饰；老式的大红漆储物箱也被赋予全新的功能；中式代表吉祥和喜庆的物品及民间手工艺品等也显得别具风韵。从古典家具中汲取通用的基本元素和深刻的符号象征，以简约的线条、现代的材质和优雅的东方韵味为特色的家具被开发设计，在历史与时尚的碰撞中彰显出非常奇妙的现代感。新中式风格客厅布局如图 2-1、图 2-2 所示。

图 2-1　新中式风格客厅布局一

图 2-2　新中式风格客厅布局二

## 二、新中式风格元素提炼表

### 1. 传统门窗式样

中国古建筑的南面通常是没墙的，而是整面的隔扇门或窗。这种传统的门和窗在功能和形式上可以通用，如图 2-3 所示。

图 2-3　传统门窗式样

2. 中式地面铺砖

在地面的铺设上，随着新型材料的发展，仿天然的石材和青砖替代了传统的青石砖，成为传统中式装修的首选，这些材料显示出的不凡气质与中国的人文精神不谋而合。中式地面铺砖如图 2-4 所示。

图 2-4 中式地面铺砖

3. 家具

新中式风格家具的外在表现形式上可分为古典风格，或现代风格与古典风格相结合这两种。中国古典家具以明清家具为代表，因而新中式风格家具在配饰上也多以线条简练的明式家具为借鉴。高四出头官帽椅如图 2-5 所示，圈椅如图 2-6 所示。

图 2-5 高四出头官帽椅

图 2-6 圈椅

4. 饰品

新中式风格饰品的选择多借鉴于瓷器、陶艺、中式窗花、字画、布艺及具有一定含义的中式古典物品，如图 2-7 所示。

图 2-7　中式饰品的摆放

# 第二节
# 东南亚风格及元素的运用

## 一、东南亚风格的定义及包括的内容

近两年，东南亚风格的家居设计犹如一股旋风席卷全球，再一次成为时尚关注的焦点。家居设计的实质是对生活进行设计。东南亚式的设计风格之所以如此流行，正是因为其崇尚自然。注重手工工艺而拒绝同质这一点颇符合时下人们追求健康环保、人性化以及个性化的价值理念，于是这种设计风格得以迅速深入人心，促使人们的审美观念迅速升华为一种生活态度。

东南亚风格为人们提供了一种在异国情调下极度舒适的氛围。它注重细节和软装饰，喜欢通过对比达到强烈的效果。它汲取东西方的经典元素并结合当地风俗习惯来诠释新的风格理念。东南亚风格讲求回归自然、轻松随意，雕琢的痕迹越少越好。由于受气候和地理位置等因素的影响，这种风格追求清爽、自然的生活情趣。按秩序排列并外露的原木顶棚、光洁的木质地板搭配异域风情地毯、带有宗教色彩的饰品展示……这些都是东南亚风格的最佳表现形式。其风格在设计上往往抛弃复杂的装饰线条，而以简单、整洁的设计营造出清凉、舒适的感觉。

由于东南亚资源丰富，家具大多就地取材，藤制和原木家具最为常见。另外，东南亚家居往往在装饰上追求艳丽夸张的视觉效果，这与本色家具表现出的效果形成鲜明对比，从而形成一种香艳、绚丽、令人迷醉的整体氛围。

## 二、东南亚风格元素提炼表

### 1. 天然石材与原木的搭配（见图 2-8）

原木、天然石材等成为装饰墙面的常见元素。带有宗教文化的壁画墙面搭配整齐的红砖装饰更显其风格的秩序美。

图 2-8　天然石材与原木的搭配

### 2. 东南亚风格在门窗上的体现（见图 2-9）

东南亚资源丰富，藤制材料和原木材料最为常见。透气性极佳的藤编门窗成为东南亚风格的一大特色。

图 2-9　东南亚风格在门窗上的体现

### 3. 色彩

色彩上以深褐色与白色为主。

### 4. 斜屋顶与顶棚

斜屋顶配上东南亚特有的竹编材质，清新可人，如图 2–10 所示。

图 2–10　斜屋顶与顶棚中使用的极具特色的竹编材质

### 5. 地板与地毯的搭配

光洁的木质地板是东南亚风格中最常使用的一种元素，这可能与当地盛产木材有关。东南亚风格多以木质地板搭配有异域色彩的地毯，突出居室的地域特色，如图 2–11 所示。

### 6. 东南亚家具

东南亚家具使用的材质大多就地取材，如藤木、水草（风信子、海藻）及木皮这些纯天然的材质，散发着浓烈的自然气息。其色泽以原藤色调为主，给人一种带有“泥土”质朴的视觉感受。原木家具的制作更显别致，雕花、彩绘、编织、打磨，纯手工艺仿佛向人们诉说着情感。手工藤条家具如图 2–12 所示。

图 2–11　地板与地毯的搭配彰显地域特色

图 2–12　手工藤条家具

7. 佛像的运用

东南亚的人们喜欢佛像并热衷于在室内装饰上展示出来。铜制的佛像（见图 2–13）在东南亚风格的装饰中很具代表性，同时也成了室内装饰的亮点。

图 2–13　铜质佛像在东南亚风格中的应用

## 第三节 美式风格及元素的运用

### 一、美式风格的定义及包括的内容

美国是个殖民地国家，也是一个新移民国家，从 1787 年 4 月 30 日美国联邦政府成立到今日，美国也只有短短 200 多年的历史。最早的北美洲原始居民是印第安人，他们过着一种原始的生活。公元 16—18 世纪，西欧各国相继入侵北美洲。1607 年，英国建立了第一个殖民据点，西欧的劳动人民，以及贵族、地主、资产阶级相继来到这块殖民地，当然还包括一些逃避战祸的人、受宗教迫害的人、奴隶，以及从非洲贩运来的黑人。这些人在移民的过程中也带去各自国家地域的文化、历史、建筑、艺术，甚至生活习惯，使美国文化也深受这些影响。美国的殖民时期、帝国时期和维多利亚时期分别受到当时英法的乔治时期、帝国时期和文艺复兴时期各古典复兴风格的影响，呈现出与之极其相近的装饰设计风格。欧洲的古典建筑元素、古典柱式元素在美式风格中很常见。美式风格的室内顶棚、墙面、地面的造型元素和装饰花纹也都受到欧洲当时流行元素的影响。美国人秉承了欧洲文化的精华，融合了自身文化的特点又利用了当地丰富的自然资源，衍生出“美式”空间设计这样的一种设计风格。

## 二、美式风格元素提炼表

### 1. 殖民时期的典型室内装饰特征（见图 2-14）

木质镶墙板、精美的雕刻纹饰、带有中国文化特征的墙纸以及家具是美国殖民时期的典型室内装饰特征。

图 2-14　殖民时期美式室内装饰特征

这一时期的人们崇尚历史感，家具多为实木雕刻，采用文艺复兴时期的旋木工艺，以金色、原木色为主色调来彰显巴洛克式的厚重体量感。人们在欧式新古典家具的基础上，做出一些改良，让饰品更贴近当地的生活习俗，去除了花哨烦琐的欧式装饰元素，利用瓷器和铁艺饰品打造出完美空间。殖民时期的家具如图 2-15、图 2-16 所示。

图 2-15　殖民时期的家具

图 2-16　去除花哨装饰的饰品

2. 美联邦帝国时期典型的装饰特征

美联邦帝国时期的装饰色彩以红色、金色为主，柱式是这一时期常见的装饰，古典的爱奥尼柱式采用大理石这一材质来体现。室内装饰物做减法处理，整体造型粗犷但不失精致，崇尚罗马帝国的装饰手法。美联邦帝国时期的柱式装饰如图 2-17 所示。

顶棚上有丰富的石膏线条，装饰石膏的工艺受英国影响，多使用叶子、垂花、花环等新古典主义图样作为装饰（见图 2-18）。

图 2-17　美联邦帝国时期柱式装饰

图 2-18　美联邦帝国时期石膏装饰顶棚

暗纹的拼花地板，其抛光的表面和大气的花纹样式更给人一种霸气和稳重感（见图 2-19）。

壁炉采用大理石与石膏材质，雕刻以垂花、奖杯等装饰纹样。金色的金属饰品与之搭配，相得益彰（见图 2-20）。

图2-19　美联邦帝国时期拼花地板

图 2-20　美联邦帝国时期壁炉样式

实木家具带有金色纹饰拼花，体量厚重，色彩多为深实木色。帝国式家具是 1815—1840 年影响美国的一种家具风格，造型以直线条为主，开始用拼贴木皮，大量使用金饰（见图 2-21）。

联邦帝国时期的饰品色彩多为金色，装饰有垂花等纹饰，青铜镶金更显霸气（见图 2-22）。

图 2-21　体量厚重的联邦帝国时期家具

图 2-22　纹饰丰富的装饰物

### 3. 维多利亚时期典型的装饰特征

木嵌镶板、繁复的雕刻纹饰、金色水晶灯、精美印花地毯等是维多利亚时期装饰的重要元素（见图 2–23）。

维多利亚时期的柱式分为三段式造型。室内装饰壁柱，古典柱式的应用更为质朴和庄重。

地毯常以金色、红色为主，精美复杂的花型图案易成为视觉焦点（见图 2–24）。

图 2–23　维多利亚时期空间布局

图2–24　图案精美的花地毯

维多利亚时期采用繁复的实木雕刻，以色彩丰富的复杂花形为装饰图案。机械雕琢精美装饰的方法已经开始盛行，这样能降低造价并能使生产所需的复杂装饰成为可能。充满雕刻的壁炉如图 2–25 所示，图案丰富的沙发如图 2–26 所示。

图 2–25　充满雕刻的壁炉

图 2–26　图案丰富的沙发

### 4. 豪宅时期典型的装饰特征

墙面上流行标准几何线脚的木质镶墙板，线形的特征与家具的线形相统一（见图 2–27）。

豪宅时期开始引入科林斯柱式等经典的古典柱式来增添室内的传统和端庄，这也是自新古典时期就十分流行的室内装饰手法之一。古典柱式在客厅中的应用如图 2–28 所示。

图 2–27　豪宅时期的墙面装饰特征

图 2–28　古典柱式在客厅中的应用

豪宅时期标准几何分割的格子窗搭配扇形的拱窗是对新古典手法的承袭和演变。拱形门窗如图 2–29 所示。

图 2–29　拱形门窗

豪宅时期植物纹样地毯成为划分室内空间的重要部分，温暖的色彩和厚重的质感更突出空间氛围的稳重（见图 2–30）。

图 2–30　植物纹样地毯

壁炉运用石材和钢架的材质，造型采用简单的几何线脚和古典元素的演变形式（见图 2-31）。

家具还是以实木色彩为主，软包面料以棉麻为主，色彩浓重，花型极大（见图 2-32）。

图 2-31 豪宅时期的壁炉形式

图 2-32 豪宅时期的家具样式

饰品富贵华丽，以金属、水晶为主，墙面展示的精美瓷器是豪宅时期经典的装饰手法（见图 2-33）。

在豪华住宅中，银制的餐具在美式生活中十分常见，其造型优美、图案精致，体现了主人珍贵的品位（见图 2-34）。

图 2-33 华丽的饰品

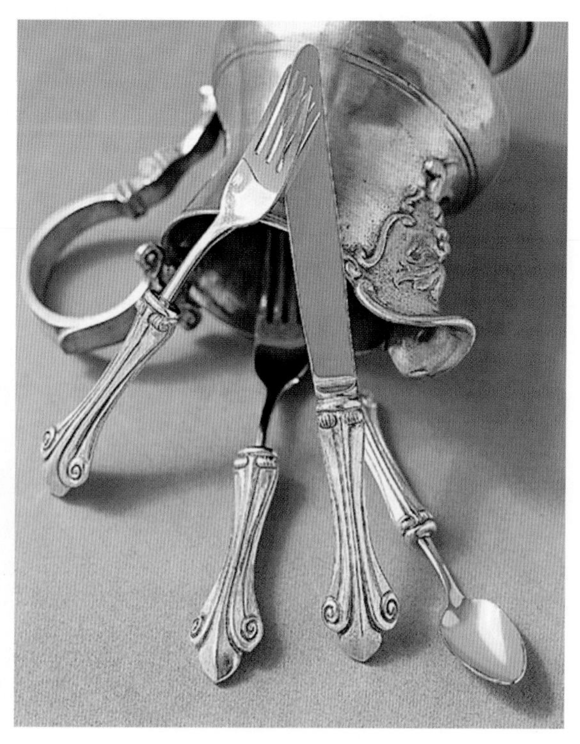

图 2-34 银质餐具

### 5. 乡村风格典型的装饰特征

原始粗犷的木材与白灰泥装饰墙面，以及铁艺、原木、藤艺等天然材料相组合构成了乡村风格（见图 2-35）。经典的几何线脚嵌板的木制门扇，顶端的扇形窗户是对新古典手法的仿照（见图 2-36）。

图 2-35 粗犷的墙面

图 2-36 木格子门窗

简单几何形分割的木格子门窗与规整平实的墙面木镶板也是美式乡村风格常见的表现形式（见图 2-37）。

墙壁采用结实的原木来装饰，这种独特的方法所表现的大胆，体现了一种粗犷壮观的山野风格。原木装饰顶棚，透露自然的秩序美感，原木色的木梁搭配白色顶棚，干净、雅致，地面运用仿古砖。以原木色为主，以自然淳朴舒适的感觉来重新诠释欧洲经典家具。美式乡村风格家具如图 2-38 所示。

图 2-37 木格子门窗与墙面木镶板融合

图 2-38 美式乡村风格家具

朴素无华的砖石壁炉（见图 2-39），简化的古典檐角点缀，尺寸较大。

美式乡村风格家具常采用原木做旧的处理方式且保留原始木纹，体量大（见图 2-40）。

图 2-39　砖石壁炉

图 2-40　原木做旧方式的家具

# 第四节 新古典风格及元素的运用

## 一、新古典风格的定义及包括的内容

新古典主义流行于 18 世纪中期，至 19 世纪上半期，之后被各种历史风格的复兴所取代。新古典风格承袭了古典风格的经典元素和建筑语言，摒弃了洛可可风格的奢华装饰和复杂的曲线，取而代之的是一种合理的结构和简洁的形式。经典柱式成为室内装饰的经典语言；简单规范的几何线脚、经典的垂花装饰和古典装饰纹样成为室内顶棚和镶板的标准元素构件形式；精致端庄的大理石拼花地面和满铺的华贵地毯是地面的最佳表现形式；家具以竖削的垂直和水平线脚勾画，华美的丝绒绸缎成为经典的美化元素，细致的花纹雕饰和淡雅雅致的色彩都使得新古典风格的室内流露一股隽永淡定又不失典雅华贵的气质。

## 二、新古典风格元素提炼表

### 1. 墙面处理

墙面和居室门雕刻了大量的古典花纹，纯白的色彩弱化了古典的意味，与空间中的时尚气息相得益彰。新古典时期流行的木镶板形式沿用至今，为了打造大气、时尚、明朗的空间，木镶板以整体白色的形式出现，但保留了几何线脚的描画。墙面处理如图 2-41 所示。

### 2. 古典柱式（见图 2–42）

沿用古典柱式的造型并通过大理石和石膏板的融合使用，打造简洁大方的空间轮廓。古典柱式不再是空间中的主要承重体，而是以装饰元素的形式出现，保留柱头、柱身的造型，有意缩小比例。

图 2–41　墙面处理

图 2–42　古典柱式

### 3. 门窗

门窗沿用新古典时期的标准嵌板的形式，线条更加简练，更加整体化（图 2–43）。

### 4. 大理石地面

抛光的大理石地面，以古典的纹样作为功能空间区分的地面界线，边缘的大理石拼花与家具的深沉色彩和墙面的深色线脚相互呼应（见图 2–44）。

图 2–43　标准嵌板形式的门

图 2–44　抛光的大理石地面

### 5. 新古典家具的造型

新古典家具的造型源自欧式古典的经典款型，保留了优美的曲线和标志性的造型元素，去除了复杂的雕花和镶嵌，用时尚简洁的色彩增添了现代的气息（见图 2-45）。

图 2-45　新古典家具造型

### 6. 空间装饰

银制装饰品因其时尚的造型和高贵的质感成为英法等欧洲国家经常使用的饰品元素。既可以打造现代的时尚感，又可以打造正统的贵族感，是新古典风格空间装饰的经典首选。新古典风格空间装饰的经典搭配如图 2-46 所示。

图 2-46　新古典风格空间装饰的经典搭配

# 第五节 现代风格及元素的运用

## 一、现代风格的定义及包括的内容

现代风格是比较流行的一种风格，追求时尚与潮流，非常注重居室空间的布局与使用的功能。

现代设计具有极强的民主思想，大量采用新材料（混凝土、玻璃、钢材、塑料等）、运用新技术打造新的造型元素，简单的几何形状强调功能性和实用性大于装饰性。在室内的造型上强调用新的材质、媒介和组合形式达到装饰的时尚感，反对过分繁复的无实用价值的装饰。在空间中善于利用光影、色彩、材质和肌理来达到装饰的新颖和多变。空间要合理规划和高度符合人体工程学，追求艺术的多媒体综合性，把空间和光线界定为室内设计的主要因素，设施灵活多用、用材讲究、注重细节、力求简洁并拥有自由的尺度。

## 二、现代风格元素提炼表

### 1. 墙面（见图 2–47）

墙面简洁连续，空间开敞，功能实用性大于装饰性，朴实无华的材质更能表现现代的时尚和实用性。室内线条明确，用色大胆，室内装饰前卫、个性。

图 2–47 墙面

### 2. 门窗框架（见图 2–48）

门窗框架通常采用最新的钢制材料，尤其是将不锈钢、铝塑板或合金材料作为室内装饰及家具的主要材料。

图 2–48　门窗框架

3. 地板的设计和处理（见图 2–49）

地板的设计和处理以最少的装饰达到高度的优雅，大理石、木地板等材质搭配大面积地毯成为其边框形式。

4. 现代风格家具（见图 2–50）

在家具的选择使用上，简单、时尚、清冷的新材质家具更加强调工业化效果，实用性和符合人体工程学的要求也成为其设计重点，不同材质的软硬结合达到最佳效果。

图 2–49　地板的设计和处理

图 2–50　现代风格家具

5. 现代风格饰品（见图 2–51）

现代风格饰品在选择上与空间氛围更加融合，不需要过分花哨，遵循装饰有质感、造型简单、大方别致三要素即可。

图 2–51　现代风格饰品

第三章

# 客厅设计

KETING SHEJI

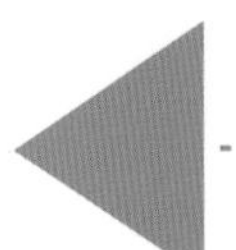

# 第一节 客厅的性质及功能

## 一、客厅的性质

客厅是居室空间中最主要的空间，是家庭成员逗留时间最长的活动空间，也是集中表现家庭物质生活水平与精神风貌的个性空间，因此客厅的设计是居室空间环境设计与装饰的重点。客厅是住宅中的多功能空间，在设计时，应将自然条件、现有住宅因素，以及环境设施等人为因素加以综合考虑，以保证家庭成员各种活动的需要。

客厅相当于交通枢纽，起着联系卧室、厨房、卫浴间、阳台等空间的作用。因此，在和各居室的联系中，交通通道的布局显得非常关键，既要体现出各空间转换的便利，又要考虑居室面积的有效使用程度。因此，判断一个客厅的设置是否合理，关键在于与其联系的交通通道，除了无法放置家具的显性交通通道外，更多的是设置在家具之间的隐形交通通道，而这些是决定一套居室有效使用率的关键。同时，客厅是家庭成员及外来客人共同活动的空间，在空间条件允许下可采取多用途的布置方式，合理地把交谈、会客、视听、娱乐等各功能区划分开，同时尽量减少不必要的家具，增加活动空间。

## 二、客厅的功能

客厅的功能是综合的，活动也是多种多样的。总的来讲，客厅中的活动可概括为主要活动内容和兼具功能内容两方面。主要活动内容包括家庭团聚、视听活动、会客、接待等，这些是客厅的主体功能。客厅的兼具功能内容包括用餐、睡眠、学习、书写等，这些兼具功能在户型较小的居室中显得更为突出。在此，我们主要探讨的是客厅的主要活动内容所形成的功能空间。

**1. 交谈**

客厅首先是家庭团聚交流的场所，这也是客厅的核心功能，也是主体。因此客厅的核心区域往往通过一组沙发或者座椅的围合形成一个适宜交流的场所（见图 3-1）。

**2. 会客**

客厅往往是一个家庭对外交流的场所，因此在客厅的布置上既要考虑到主人家的喜好和特色，也要兼顾会客和社交礼仪的需求，符合人们的社交习惯。在我国传统住宅中，会客区域是方向感较强的矩形空间，视觉中心是中堂画和八仙桌，主人座位在厅堂正上方，客人座位在两侧，具有鲜明的主客意识（见图 3-2）。而现代会客空间的格局则要轻松得多，它位置随意，可以和家庭聚谈空间合二为一，也可以单独形成亲切会客的小场所，气氛亲切，没有拘束，反映出现代社交的去仪式化和随和的特性（见图 3-3）。

图 3-1　沙发围合的交谈空间

图 3-2　传统中式厅堂布置

图 3-3　现代客厅布置

### 3. 视听

客厅是一个家庭休闲娱乐的主要场所，除了家人之间的聚谈之外，视听欣赏也是主要的休闲项目。在西方传统的住宅中，客厅往往会给钢琴留出位置，有的时候客厅经过简单的布置后，会摇身一变成为家庭舞厅。在中国传统住宅中，厅堂也常常兼有听曲看戏的功能。而现代社会中，一般家庭的主要视听休闲项目就是看电视、听音乐等，因此现代客厅的设计往往以电视背景墙为中心，以此来布置沙发、桌椅、茶几等其他设施的位置，突显出视听区在客厅设计中的重要位置（见图 3–4）。

图 3–4　客厅的视听区

### 4. 娱乐

客厅的另外一个主要的功能就是娱乐。客厅的娱乐活动主要包括棋牌、卡拉 OK、弹琴、游戏等消遣活动。娱乐区的布置要根据每一种娱乐项目的特点和功能要求来进行划分。例如卡拉 OK 可以根据实际情况单独设立沙发、电视，也可以和会客区域融为一体来考虑，使空间具备多功能的性质（见图 3–5）。而棋牌娱乐则需要专门的牌桌和座椅，对灯光也有一定的要求，当然根据实际情况也可以处理成和餐桌餐椅相组合的形式。

图 3–5　兼顾娱乐的客厅布置

值得注意的是，由于现在的娱乐项目朝着网络化和电子化的方向发展，以及城市住宅空间的集约化发展趋势，居室中的娱乐空间往往和其他空间融合在一起了。例如上述的卡拉 OK 往往和视听空间放一起，棋牌娱乐又和餐桌餐台合二为一。因此在现代的居室空间设计中，除少数别墅类及大户型的住宅有单独设置娱乐室外，普通住宅的娱乐空间往往和其他空间是结合在一起的，这既符合现代娱乐项目的特点，又和空间集约化的趋势相一致，因此在设计时要特别注意。

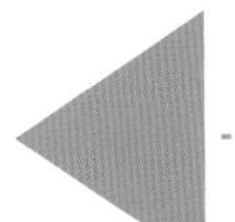

# 第二节 客厅的布置原则

## 一、个性突出，主次分明原则

在现代住宅中，客厅的面积最大，空间也是开放性的，地位也最高，它的风格基调往往是家居格调的主脉，反映出主人的审美品位和生活情趣。因此，对客厅的设计要格外用心，可以通过材料、装饰手段的选择及家具的摆放来表现，但更多的是要通过配饰等“软装饰”来体现。

客厅是一个家庭的核心，可以容纳各种活动，可以形成若干区域空间。在众多的区域中必须有一个主要区域，以此形成客厅的空间核心。在客厅中，通常以视听、会客、聚谈空间为主体，辅助以其他区域而形成主次分明的空间布局。而视听、会客、聚谈空间的形成往往以一组沙发、座椅、茶几、电视柜围合而成，又可以用装饰地毯、天花、造型以及灯具来呼应（见图 3-6），从而达到了强化中心感的效果。

图 3-6　客厅核心区

## 二、交通组织合理原则

客厅是住宅的中心，是联系户内各房间的“交通枢纽”。客厅常和户内的过厅、过道以及客房的门相连，而且常采用穿套形成，如果设计不当就会造成过多的斜穿流线，对空间的完整性和安定性产生极大的破坏，因而在设计的时应尽量避免斜穿，避免室内交通路线太长。所采取的措施之一就是对原有建筑布局进行适当调整，如调整户门的位置，使其尽量集中（见图 3-7）；措施之二是利用家具来巧妙围合、分割空间，以保持各自小功能区域的完整性。

## 三、相对私密性原则

客厅常常与户门相连，甚至在户门开启时，楼梯间的行人可以对客厅的情况一目了然，严重破坏了住宅的私密性。因此在设置过渡空间时应避免开门见厅，客厅应尽量减少卧室门数量，卫浴间不向客厅方向开门，可以在户门和客厅之间设置屏风、隔断或利用固定的家具形成分隔。当卧室门或卫浴间门和客厅直接相连时，可以使门的方向转变一个角度或凹入，以增加隐蔽感来满足人们的心理需求。

一般来说，如果房间面积较大，空间较多，可以在户门入口处用屏风隔断，或者用类似于照壁的厚实隔墙作为阻挡，形成一个较为厚实、封闭的入户过渡空间，以保护较为空旷的室内隐私（见图 3-8、图 3-9）。如果房间面积较为紧凑，可以在入口处用较为通透的磨砂玻璃隔断作为阻挡，既保护了隐私，又不至于使空间显得闭塞（见图 3-10）；或者采用“家具 + 屏风”的办法设置隔断，例如最常见的是采用“鞋柜 + 屏风”的设置方法（见图 3-11），既节省了空间，又保护了室内的隐私，可谓一举两得。

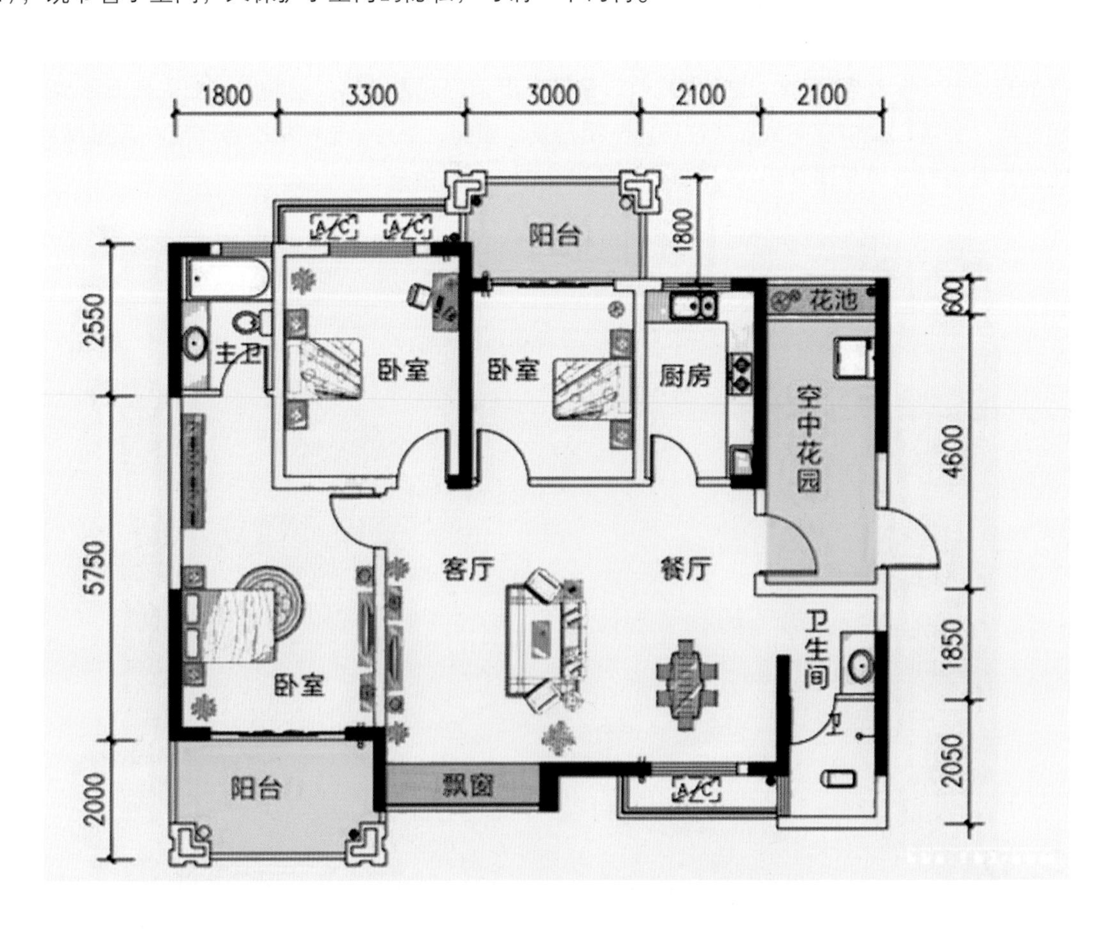


图 3-7　交通集中的室内布置

图 3-8 照壁式的入口设置

图 3-9 围栏式的入户空间

图 3-10 磨砂玻璃隔断

图 3-11 鞋柜式入户屏风

## 四、良好的通风与采光原则

洁净、有益健康的室内空间环境，要求保证室内空气流通。客厅是室内组织自然通风的中枢，因而在室内布置时，不宜削弱此种作用，在人工通风的情况下，也要注意因家具布置不当而形成的死角对空调功效产生的影响。此外，客厅应保证良好的日照和照明，并尽可能选择室外景观较好的位置，这样不仅可以充分享受大自然的美景，也能感受到视觉与空间效果上的舒适与伸展。

# 第三节 客厅空间的划分方法

## 一、硬划分法——限定性较强的空间

硬划分法主要是通过隔断、家具的设置，使每个功能性空间相对封闭，并能从大空间中独立出来，成为相对独立的一个小空间。一般采用推拉门、搁物架等装饰手段，来区分各个空间（见图 3-12、图 3-13）。但这种划分方式通常会减少空间使用面积，给人拥挤、狭窄、闭塞的感觉。因此，这种方法在目前家庭装饰中使用率不是很高。

图 3-12　推拉门式的室内隔断

图 3–13　搁物架式的室内隔断

## 二、软划分法——限定性较弱的空间

软划分法是和硬划分法相对而言的，其特点是空间限定性较弱，空间开敞性较强，用“暗示法”来塑造空间。例如，利用不同装饰材料区分（例如会客区采用柔软的地毯，餐厅采用抛光木地板，过道采用防滑地砖等，从地面装饰材料上区别各个功能区，如图 3–14 所示）；利用装修手法区分（例如在整个大厅中可以做两个局部的吊顶，在会客区上方安置一个吊顶，在餐厅上方再安排一个吊顶，这样客厅就自然形成了两个区域，如图 3–15 所示）；利用特色家具区分（不同区域用不能材质和特色的家具组成，形成独立的和有区别的功能区，如图 3–16 所示）；利用灯光区分（例如在会客区可以用全局照明灯来烘托，在小区域的茶室或交谈区可以用局部照明的背景灯来区分，通过灯光的照明范围、亮度和颜色来区分不同空间）等。

图 3–14　地面铺装型的空间划分

图 3-15　吊顶类型的空间划分

图 3-16　家具设定类的空间划分

# 第四节 客厅的陈设设计

## 一、客厅的陈设艺术风格

任何一个客厅，其风格都反映着整个住宅的风格。设计风格不同，其陈设手法也大不相同。在欧式风格中，陈设应以雕塑、金属装饰、油画等为主，要显得富丽堂皇（见图 3-17）；在中式风格中，陈设应以瓷器、字画、盆景等为主，显得典雅别致（见图 3-18）；在现代式风格中，陈设应该以玻璃工艺品、有机塑料制品，或者布艺为主，最关键的是要杜绝复杂，要显得简洁大方，满足现代人化繁为简的审美需求（见图 3-19）。

图 3-17　欧式客厅

图3-18　中式客厅

图 3–19　现代客厅

## 二、客厅陈设艺术品的种类

可用于客厅中的装饰陈设艺术品种类很多，没有定式。室内设备、用具、器物等只要符合审美需求的，均可作为居室的陈设装饰。

可应用于客厅的陈设艺术品包括：灯具造型、家具造型、壁画、字画、钟表、陶瓷、现代工艺品、古玩、书籍、玻璃制品、植物盆景以及一切可以用来装饰的材料。

另外值得一提的是，装饰织物类是室内陈设用品的一大类别，包括地毯、窗帘、靠垫、壁挂、布玩具等。由于织物在室内的覆盖面大，所以对室内的气氛、格调、境界等会起很大的作用。这些织物的色彩、质地、柔软度等均会对室内的色彩、光线及其他陈设产生直接的影响（见图 3–20）。选用装饰织物对室内装饰不仅能起锦上添花的效果，还起到保温、吸声、调节室内光线等作用。

图 3–20　织物色彩装饰

第四章

# 餐厅设计

CANTING SHEJI

# 第一节 餐厅的性质及功能

## 一、餐厅的性质

餐厅是家人日常进餐的主要场所，也是宴请亲友的活动空间。住宅空间都应设置独立的进餐空间。餐厅的开放或封闭程度在很大程度上是由可用房间的数目和家庭的生活方式决定的。

餐厅有独立的、半独立的、开放的三种形态。无论餐厅处于一个闭合空间之内，还是开放型布局，都应和它共处的那个区域保持设计风格上的统一。若空间条件不具备，也应在客厅或厨房设置一个开放式或半独立的用餐区域。餐厅的位置设在厨房与客厅之间是最合理的，这样可以使交通路线变得便捷，便于上菜和收拾、整理餐具。餐厅与厨房设在同一房间时，只需要在空间布置上具有一定独立性，不必做硬性的分隔。

## 二、餐厅的功能

餐厅的功能分区如下。

1. 用餐区　　用餐区是餐厅的中心，靠餐桌来体现，也是餐厅空间光线最充足的地方。

2. 展示区　　通常以酒柜或食品柜为中心，做个展示的区域，让餐区更丰满。酒具或餐具经过灯光的渲染，可以使整个餐厅看起来更高贵，更有档次。

3. 餐厅特区　　吧台是餐厅的特区，适合于用早餐，也可休闲会友。吧台的设计既要有特色，又要融入整个空间。吧台既可以成为餐厅的主体，也可以利用角落的空间筑成。因此，吧台的设计更具灵活性，通常视整个餐厅的空间结构和大小来定（见图 4–1）。

图 4–1　功能齐全的餐厅

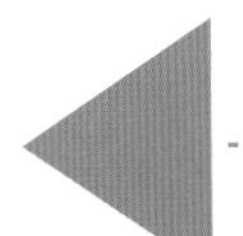

# 第二节 餐厅的布局形式

## 一、独立式布局

独立式餐厅适用于建筑面积较大的居室，和其他空间互不干扰，便于清洁卫生和突出个性的布置，并且容易形成良好的进餐氛围。独立式餐厅是最为理想的餐厅布局形式，这种餐厅常见于较为宽敞的住宅，有独立的空间作为餐厅，面积上较为宽裕，其布置从交通、空间位置、材料、餐具上合理规划，达到令人满意的效果（见图 4-2）。

图 4-2　独立式餐厅

## 二、餐厨一体化布局

餐厨一体化的布局形式相对独立式餐厅而言占用空间小，适合面积较小的户型。虽然和厨房合成一个空间，但是就餐的部分仍然也应该设置小型的餐桌，满足 1～2 人进餐的需求。有的时候餐桌可以简化成小型的吧台（见图 4-3），将餐桌和品酒、闲谈等功能合而为一，既节约了空间，又满足了现代人追求简约的审美需求。

图 4–3　餐厨一体化

餐厨一体化这种布局，就餐时上菜快速简便，能充分利用空间，较为实用，只是需要注意不能干扰厨房的烹饪活动，也不能破坏进餐的气氛。要尽量使厨房和餐室有自然的隔断或使餐桌布置远离厨具，餐桌上方应设集中照明灯具（见图 4–4）。

图 4–4　餐桌上方的集中照明

## 三、客厅兼餐厅布局

单元式住宅常常不设独立的房间作为餐厅，餐厅往往和其他空间连通，其中最为常见的就是餐厅和客厅连通，或者利用客厅隔出一个独立的空间作为餐厅。

客厅兼餐厅的布局形式在单元式住宅中较为常见。在客厅内设置餐厅，用餐区的位置以邻接厨房并靠近客厅最为适当，它可以缩短膳食供应和就座进餐的交通线路（见图 4–5）。餐厅与客厅之间通常采用各种隔断手法灵活处理，例如：用壁式家具做闭合式分隔，用屏风、花格做半开放式的分隔，用矮树或绿色植物做象征性的分隔，甚至不作处理（见图 4–6）。这种格局下的餐厅应注意要与主要空间即客厅在格调上保持协调统一，并且不妨碍客厅或门厅的交通。

图 4-5　客厅兼餐厅（靠近厨房）

图 4-6　客厅兼餐厅（连通无分隔）

另外值得注意的是，餐厅是居住空间当中最为灵活的空间之一，其原因是餐厅既是餐饮空间，在基本功能上与厨房属于同一类型，同时餐厅又是一个为家庭成员提供交流的场所，在外延功能上与客厅又有联系。因此餐厅功能的多样性导致其在空间布局上的灵活性，完全独立或者完全开放的餐厅是很少存在的。从空间的封闭性来说，餐厅往往和其他空间相连，开放性较高；但从独立性来说，餐厅又是一个极其特殊的空间，它很容易受到其他室内活动的干扰，需要有独立的空间为进餐提供方便。因此无论是哪一种餐厅布局形式，就餐区都是一个相对独立的空间，很少融入其他空间中去，这样就使餐厅空间有了一个很大的特点——既开放又独立，既和其他空间连通，又保持一定的独立性。因此，在餐厅的设计中，如何处理好开放与独立之间的关系，是每个室内设计从业人员都必须认真思考的问题。

# 第三节 餐厅的装饰手法

## 一、餐厅的空间界面设计

### 1. 顶棚

餐厅的顶棚设计通常采取对称形式，并且富于变化。由于餐厅的中心是餐桌，也就是就餐区域，餐桌构成了整个餐厅的视觉中心，因此，无论是对称式还是非对称式的顶棚造型，顶棚的几何中心所对应的位置正是餐桌，这样有利于塑造空间的秩序感。另外，由于人的就餐活动所需的空间不用很高，餐厅可以借助吊顶来丰富空间形态，可以通过多样的吊顶造型弱化顶棚的秩序感所造成的呆板感（见图 4-7）。

图 4-7　流线型的顶棚设计

### 2. 地面

餐厅的地面因其功能的特殊性，要求考虑便于清洁的因素，同时还需要有一定的防水和防油污特性，可以选择大理石、釉面砖、复合地板及实木地板等材质，做法上要考虑污物不易附着于构造缝之内。地面的图案可与顶棚相呼应，当然在地面材料的选择和图案形式的选择上需要考虑与空间整体的协调统一（见图 4-8）。

### 3. 墙面

餐厅墙面的装饰手法很多，视具体情况而定。除了在墙面上挂装饰画或制作艺术壁龛的手法以外，对于面积较小的餐厅可以在墙面上整体或局部安装镜面玻璃，以增大视觉空间效果（见图 4-9）。对于凸显个性的餐厅可以在墙面的材质上，考虑利用不同肌理、质地的变化形成对比效果，如天然的木纹体现自然原始的气息，皮革与金属的搭配强调时尚的现代感，拉毛效果的水泥墙面表达出质朴的情感等。只要富有创意，装饰的手法可以不限。

图 4-8　地面与顶棚的呼应

图 4-9　餐厅镜面装饰

## 二、餐厅的家具配置

餐厅的家具布置与进餐人数、进餐空间的大小有关。从座席方式、进餐空间尺度上讲，有单面座、折角座、对面座、三面座、四面座等，餐桌有条桌、方桌、圆桌等，座位有四人座、六人座、十人座等。餐厅家具主要由餐桌、餐椅、餐具、橱具等组成。西方国家多采用长方形或椭圆形的餐桌，而我国多选择正方形或圆形的餐桌。在兼用餐室里，会客部分的沙发背部可以兼作与餐厅的隔断。一般来说，这样的组合形式，餐桌、餐椅部分应尽量简洁，才能达到与整个空间的家具和谐统一。

## 三、餐厅的灯具配置

餐厅照明，以餐桌为照明中心，一般采用天然采光和人工照明相结合的方式。在人工照明的处理上，顶部的吊灯作为主光源，构成了视觉中心，但光线不可以直接照射用餐者的头部，而应聚集在用餐台面区域。餐厅应采用高显色性的照明光源，而不要采用彩色光源，以免改变食物的自然颜色，一般以暖色白炽灯作为主光源为佳，三基色荧光灯也是不错的选择。

餐桌上方一般采用吊灯作为主光源，吊灯的长度是长方形餐桌长度的 1/3 左右，若是 6～8 人使用的餐桌，可以选用 2～3 盏小型灯具，这样有利于视觉平衡（见图 4–10）。除了设置主光源外，在空间允许的前提下，还可以设置一些低照度的辅助灯具或灯槽，以丰富光线的层次，营造轻松愉快的用餐氛围。但辅助光源的光色切勿用得太多，否则会显得凌乱，破坏了餐厅整体和谐的氛围。

**图 4–10　六人餐桌的灯具设置**

## 四、餐厅的色彩搭配

色彩对人们在就餐时的心理作用较大，色彩运用得恰当可以增进人的食欲，若运用得不当则会产生负面效果。根据色彩心理学的分析，橙色以及同色相的颜色是餐厅最适宜的色彩，不仅能带给人温馨的感觉，而且能提高就餐者的兴致，促进人们之间的情感交流，活跃就餐气氛（见图 4–11）。因此，餐厅色彩不要过于沉重，应以轻松明朗的色调为主，并注意整体色彩的搭配。在餐厅和客厅相通的空间环境中，从空间感和主次关系的角度来说，要强调餐厅色彩和客厅色彩的协调，最终达到整体空间的色调和谐。

**图 4–11　暖色调的餐厅氛围**

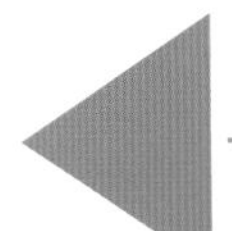

# 第四节 酒柜与吧台的设计

## 一、酒柜的设计

现代生活中，家庭酒柜已成为一种增添文化品位与家居档次的摆设和装饰，大部分的家庭酒柜已不单单只是酒柜，而是更多把酒柜融入间厅柜、壁柜、橱柜、装饰柜等，演变成为实用性与功能性相结合的家居摆设。

### 1. 常见的酒柜设计风格

(1) 壁炉式酒柜设计风格

这种酒柜的设计灵感来源于美式壁炉的启发（见图 4-12）。在传统美式风格的家居里大都有壁炉，如今人们把它作为装饰，成为客厅的一部分。在现代居室环境中，由于客厅与餐厅常常通透相连，为了让客厅和餐厅有一个区分，于是取了壁炉的造型，在两者之间设计一个大理石材质的固定酒柜，让客厅和餐厅相互关联，又在分区上彼此明确，同时又具备酒柜的作用。

图 4-12　壁炉式酒柜

(2) 玻璃酒柜设计风格

玻璃酒柜适用于空间不大，且房屋举架过低的居室。这种酒柜完全是出于实用和美观的双重考虑。由于实际空间的限制，人们不得不改变原有的酒柜概念，仅仅在墙壁上打造出几个玻璃间隔，用于摆放酒瓶和酒器，这样不仅不占空间，而且看起来将空间向外延伸，是一举两得的装饰处理手法（见图 4-13）。

图 4–13　玻璃酒柜

（3）原木酒柜设计风格

顾名思义，这种酒柜在设计上采用了原木材质。原木的质感让人有一种回归自然的感觉，将它置于客、餐厅之间，既达到美观的需求，又起到存储物品的作用，是现代居室设计中常采用的酒柜设计风格（见图 4–14）。

（4）玄关酒柜设计风格

玄关酒柜的设计是出于功能性的考虑，由于原有居室的整体格局常有不够合理的地方，因此在入口处设置一个玄关式的酒柜，使原来不被利用的空间得到合理的运用，同时从居室外面看这是一处玄关，但从居室里面看这又是一个酒柜，从而增加了居室的美观性和实用性（见图 4–15）。

图 4–14　原木酒柜

图 4–15　玄关酒柜

**2. 酒柜的布置和摆放**

首先要看餐厅空间的大小：如果餐厅空间小，可以选择一个嵌入式的酒柜或者在墙上制作一个简便的酒柜；如果餐厅空间大，可以考虑将酒柜与橱柜、玄关、隔断结合起来使用，并且可以将酒柜与吧台结合在一起，形成一个小的酒吧区。

酒柜应放置在不受阳光直晒并远离热源的地方，且通风良好，但也不要放置在太冷能够结冰的环境中。

酒柜不要放在潮湿的地方，以防生锈及影响电器绝缘性能。

酒柜应放置于平坦坚固的地面，底部或侧面最好固定安置，防止因外力移动而产生的倾倒。

## 二、吧台的设计

如果将酒柜功能进行拓展和延伸，在酒柜下面设置一个开放的操作台，然后配上高脚凳，那么酒柜将摇身一变成为一个迷你吧台。随着现代生活日益丰富以及人们对于时尚生活的追求，在居室中设置一个吧台成为营造时尚家庭生活的手段之一。当然，现代居室中的吧台有多种形式，不仅只有酒柜式吧台一种，根据不同需要，家庭吧台的形式可以大概分为以下几种。

贴墙式吧台：吧台贴墙放置，酒柜可摆放在吧台上方或悬于墙上，此类型的吧台充分利用里面空间，占地面积小，适合于较小的餐厅（见图 4-16）。

转角式吧台：利用房间转角进行布置，可以围台而坐，使室内空间更紧凑，也更有个性（见图 4-17）。

隔断式吧台：利用吧柜对空间实行分隔，不仅具有独特的装饰效果，还有分隔空间、组织空间的作用，此类型的吧台适用于面积较大且有多功能区域的室内空间（见图 4-18）。

嵌入式吧台：充分利用边角空间和墙面凹入处来安放吧台，如果房间内有楼梯，也可利用楼梯下面的凹入空间做成吧台，可使室内空间得到充分利用，增加居室的趣味感（见图 4-19）。

餐桌式吧台：吧台与餐桌相结合，在必要时将吧台的餐桌部分展出或拉出形成餐桌（见图 4-20）。

车厢式吧台：类似于火车车厢座位，相对而坐，别有情趣。

图 4-16　贴墙式吧台

图 4-17　转角式吧台

图 4–18　隔断式吧台

图 4–19　嵌入式吧台

图 4–20　餐桌式吧台

第五章

# 厨房设计

CHUFANG SHEJI

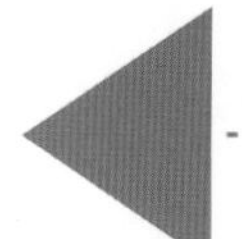

# 第一节 厨房的性质及其功能

人们对家庭厨房的概念早已从最初简单的烧水做饭的需求发展到对其人性化的需求。厨房是居室的心脏，是最能体现居室人性化的空间，这种人性化从布置、功能、卫生、通风、采光、智能家电应用等方面考虑。随着社会的进步，厨房也由生存型向文明型转变，再逐渐向舒适型过渡。厨房是居室的一个重要组成部分，家庭生活中使用频率最高、耗力最大、受污染最严重的活动都是在厨房中进行的，因此厨房在居室中的位置及布置形式会影响家庭生活的方便与否。

厨房的使用功能主要是烹调，围绕烹调流程展开的存储、清洗、料理、烹饪的功能是动态的，使用物体的尺寸和人的活动尺度及电器的安排是厨房设计的重点。

存储功能：与厨房内操作活动相关的各种用品的储藏。主要包括粮食类、食品类、蔬菜类、炊具类、机具类、调料类、饮品类、去污类等用品的存放和废弃物的存放等。

清洗功能：餐具、炊具、瓜果蔬菜等物品的洗涤，厨房、餐室等空间的清洁整理等。

料理功能：烹饪的餐前准备、餐后整理等。这是整个厨房操作流程中最重要，也是费时最长的一道程序。在烹饪前，要对食材进行削切整理，对烹饪调料进行配置，餐后还要及时完成对餐桌和餐具的处理工作。随着社会的进步，人们对吃的要求不仅局限于色香味俱全，还希望在就餐前，对餐具、配菜等做精心配置，提升进餐气氛，增强食欲。因此，厨房设计对于料理工序的满足是整个设计的关键。

烹饪功能：对食材进行烹调和加工处理。烹调的方式有煎、炒、炸、炖等，操作过程中会产生大量的油烟，是厨房污染的发源地，是厨房设计需要重点关注的部分。

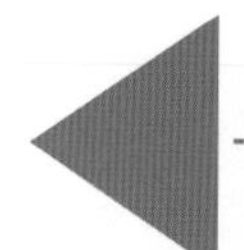

# 第二节 厨房的平面布局形式

厨房的设计在空间处理上有封闭式和开放式两种，封闭式厨房能减少厨房使用中对家居造成的空气污染。在厨房使用频率较少和以无烟式烹饪为主的情况下，可以采用开放式厨房设计，这样有利于厨房和餐厅等其他类型空间之间的连接，创造丰富的空间类型。但不管是哪种形式的厨房设计，厨房的平面布局形式主要有“U”形、“L”形、走廊式、一字形、半岛式和岛式等六种。

## 一、“U”形厨房布局

这种布局用于开间宽度在 2.2 m 以上，深度较长或形状接近方形的厨房。一般来讲，这种布局将洗涤区置于

U 形布置的底部，存储和烹饪分别设在其两侧。这种布局构成三角形，操作时最为省时省力，而且可容纳较多的厨房家具储存物品，可容纳多人同时操作。U 式两边的距离以 120～150 cm 为宜，尽量使三角形边长的总和控制在最小勾数值范围内（见图 5–1）。

图 5–1 “U”形厨房

## 二、“L”形厨房布局

这种布局适用于开间宽度在 1.8 m 以上，深度较长，且有一长边设置为推拉门的厨房。洗涤、调理、烹饪三个工作区域依次沿两相接的墙壁呈 90° 放置，操作区的对角线一处布置餐桌，这是一种厨房兼餐厅的环境布置。这种布局的优点是工作路线较短，可以有效地运用灶台，而且较为经济（见图 5–2）。

图 5–2 “L”形厨房

## 三、走廊式厨房布局

走廊式也叫并列式或二字式，这种布局是将洗涤、料理、烹饪三个工作区域配套在开间宽度在 2 m 左右的厨房，特别适用于有阳台门或相对有前后两扇门的厨房。一般是把洗涤区域和料理区域组合在一边，烹饪区域放在另一边，构成一种特殊的三角形，但操作时往返转身次数会增加，动线距离较长，体力消耗加大。走廊式布局两边工作点的最小距离应保持在 75～80 cm 为宜（见图 5–3）。

图 5–3　走廊式厨房

## 四、一字形厨房布局

一字形也叫墙式或一字式，这种布局适宜开间宽度为 1.5 m 左右的狭长厨房，将洗涤、料理、烹饪区域配置在一面墙壁空间，贴墙设计，节省空间。这种布局使管线相对集中于一侧，管线短且经济，节省空间，便于封闭和施工。但其缺点也很明显，所有的操作在一条直线上完成，墙面过长时则动线变长，会降低操作效率（见图 5–4）。

图 5–4　一字形厨房

## 五、半岛式厨房布局

半岛式厨房一般是将含有炉灶的烹调台横向突出，结合成“半岛”形。与“U”形厨房类似，但有一边不贴墙，也有将烹调区域布置在半岛上的。半岛式厨房也是动线距离最短的一种布置方式，操作起来比较方便，特别适用于厨房有人帮忙的操作。半岛式厨房常常与餐厅或家庭活动室相连，适合于开放型的厨房设计（见图 5-5）。

图 5-5　半岛式厨房

## 六、岛式厨房布局

和半岛式厨房一样，岛式厨房适用于面积较大或者开放式的厨房。岛式厨房一般是沿着厨房四周设立橱柜，并在厨房的中央设置一个单独的操作中心，人在厨房的操作活动围绕这个中心“岛”进行。中心工作台的设置一般是将灶台和操作台放在上面，有的甚至将水槽也置于其上，有时工作台与餐桌兼用，上部装有吸油烟机，下部还可以用于储藏，同时在空间距离各边都可以就近使用它。岛式厨房适合多人参与厨房工作，创造活跃的厨房氛围，增进家人之间的感情交流（见图 5-6）。

图 5-6　岛式厨房

# 第三节 厨房设计的要点

## 一、灯光照明设计

除了开放式厨房在局部区域有光环境渲染的需求，大部分的厨房灯光主要以照明需求为主，满足日常生活中的厨房操作。厨房的照明主要有两个部分，一部分是直接采光，另一部分是人工照明。人工照明又分为两个部分，一部分是整体照明，另一部分是对洗涤台和操作台的局部照明。这里我们讨论的灯光照明设计主要是人工照明设计。

### 1. 整体照明

厨房的整体照度应为 50 ~ 100lx，灯具应采用扩散灯具，一般设在顶棚或墙壁高处。灯具的造型宜采用外形简洁、不易沾染油污的吸顶灯或嵌入式筒灯，功率在 25 ~ 40W 之间，而不宜使用易积油垢的伞罩灯具（见图 5-7）。另外，厨房的操作台面亮度应保持在 300lx 左右，并且尽可能照度均匀，避免对临近工作面形成阴影，尤其是洗涤池、案台上应有足够的亮度以满足洗涤、削切的要求。

图 5-7　嵌入式的厨房灯具

### 2. 局部照明

厨房局部操作的照度应为 200 ~ 500 lx，灯具一般设在洗涤池、操作台及灶台的上方。由于操作者背对顶部光源，自身的阴影常遮挡住操作区，造成使用的不方便，因此有必要在水池及操作台的上方加设局部照明，灯具可以设在壁面或吊柜下方（见图 5-8）。

图 5-8　吊柜下的厨房灯具

另外，厨房整体照明的光源宜采用白炽灯类的暖光源，其发出的暖色光线能正确反映食物的颜色，而水池及操作台等局部照明的光源宜采用荧光灯类的冷光源，其发光效率高而热量少，可避免因近距离操作而产生的灼热感。

## 二、人体尺度要求

厨房是居室当中活动量最频繁的场所之一，在厨房设计时必须考虑人体正常活动的生理尺度、生理机能和心理效应，因此人体尺度是一个不容忽视的问题，它直接影响厨房的工作效率和使用安全。

根据人体工程学家的研究，在任何形式的厨房中，水池、冰箱和炉灶之间的关系最为密切，以这三点之间的连线构成的三角形称为“工作三角形”（见图 5-9）。三角形的周长在 3.6 ~ 6.6 m 之间较为适宜，在 4.5 ~ 6.0 m 之间最为有效，被称为“省时、省力三角形”，可以使厨房操作者在一日三餐的操作中节省 60% 的往返路程和 27% 的操作时间，大大提高劳动效率。

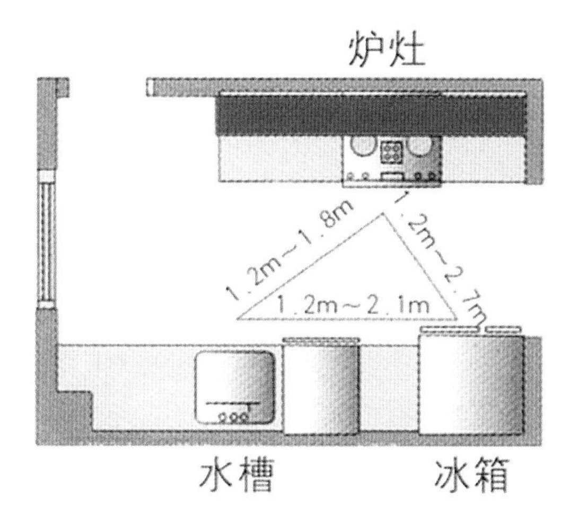


图 5-9　“工作三角形”示意图

厨房的空间尺度、家具设备尺度和安装尺度的合理科学都可以达到操作省力省时的目的。例如，使用厨房频率最高的基本上都是家庭主妇，因此厨房的设计应尽量符合主妇的人体尺度要求。橱柜的有效高度范围应在600~1850 mm之间，这个范围刚好是中等身材妇女站立时自然垂手和举手之间的位置。灶台高度不应超过900 mm，否则主妇在炒菜时就会感到不方便。厨房工作台面不可小于900 mm×460 mm，否则不够摆放物件，其深度比上方吊柜的深度宽出约30 cm才能保证使用时不至于碰到头部等（见图5-10）。因此了解人在厨房中的行为模式及行为习惯，是进行合理的厨房尺度设计的关键。

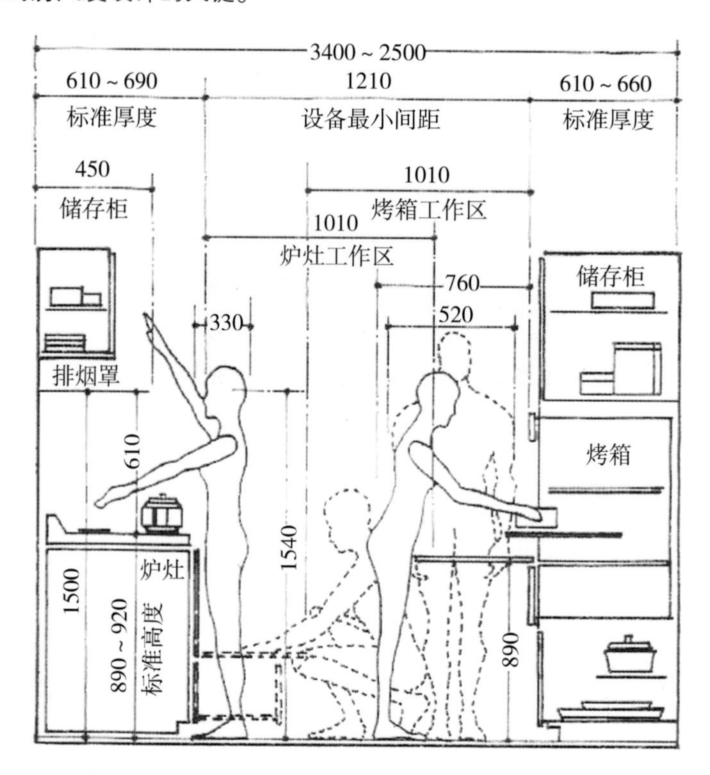


图5-10　橱柜人机尺寸图(单位:mm)

## 三、电器设备设计

厨房的电器设备很多，是居室空间中最多的，同时也有一定的危险性，所以我们在设计厨房的时候也要考虑到电器设备的安置与安全。

厨房的设备主要有冰箱、水槽、煤气灶、油烟机、热水设备、消毒柜、微波炉、电饭煲等。

厨房主要的建筑管道包括烟道、给排水管道、煤气管道等，因此厨房电器设备的安装布置要考虑和相应管道的结合。例如，水槽的布置要就近安排在给排水管道的位置，油烟机一定要安装在排烟管道旁等。这些都是我们在进行厨房设计时必须要注意的问题。

在设计冰箱位置时要留有一定空间，一般单门冰箱的预留宽度为750 mm，双门冰箱的预留宽度为1100 mm，受空间限制也可以适当减小，但必须保证冰箱能放到预留的位置上。

煤气灶一般与油烟机、消毒柜一起放置，是常用的三件套组合。煤气灶不要靠窗太近或面窗布置，一是因为上方不好安装油烟机，二是窗户透风影响火苗，但是传统中式厨房利用排气扇排烟的除外，因为传统中式厨房不用安装抽油烟机，只需在煤气灶上方位置安放排风扇即可。煤气灶也不要离水槽太远，两者之间预留切菜的位置即可，同时台面要连贯，防止水流到地上。煤气灶的宽度要和油烟机的宽度相配，同时还要考虑煤气管和烟道的位置。

热水设备（或热水器）主要考虑强排风，所以一般要靠近外墙，保持通风也是热水器安装的必须要求。

微波炉和电饭煲的位置可以放在台面上，也可以放在橱柜里，预留电源位置即可。

## 四、材料与施工

### 1. 厨房常用的材料

厨房常用的材料有如下几种。

（1）工作台面：工作台面是厨房工作的主要操作界面，经常要承受各种外力和冷热温度变化，所以工作台面的选材非常关键，会直接影响到工作台的使用寿命以及使用效率，在保证美观的同时也要注意耐用性。

①防火板——美观、便于清洁，但容易刮花和受潮翘起，需谨慎使用，但水槽无法下嵌，收边不美观。

②天然石——坚固耐用，便于清洗和打理，但价格昂贵，转角有接缝。

③人造石——无缝连接，耐刮洗，水槽可下嵌，抗污易保养，是橱柜台面的上乘材料，也是主流趋势。

④不锈钢——坚固耐用，时尚，易洗涤，但要小心刮花，用力过猛容易发生变形，温度变化起伏大。

（2）厨房墙面：厨房墙面可用防火板、铝塑板、不锈钢、马赛克、瓷砖等进行装饰，但要注意材质的特性、色彩和材质在整体厨房的统一效果，主要考虑墙面的防潮、耐腐蚀、耐高温等因素。

（3）地面：地面材料有地板砖、木地板等，但厨房地面主要以地板砖为主，主要考虑防滑和防潮的需要。

（4）吊顶：吊顶的材料有 PVC 扣板、铝塑板等，主要考虑吊顶的美观和易清洗性。

2. 厨房施工

厨房施工是一门专业性很强的工作，需要有专门的课程和篇章来进行系统的学习。在这里，笔者对施工的细节不做详细的阐述，只是简单介绍厨房施工的基本步骤和注意事项。

厨房的装修设计必须严格按照一定的流程，先做哪部分后做哪部分都必须严格遵守设计流程。厨房装修设计不是橱柜、烟机、灶具以及电器的简单叠加，而是将整个厨房的各个部分有机结合，并打造一个赏心悦目、展示厨艺的生活空间，因此厨房设计就需要一个系统的整体规划，具体设计流程如下。

第一步：拆除与调整。

如果是旧房改造，就需要首先拆除墙面和地面原有的瓷砖，拆除吊顶，拆除原有的厨具、灯具等;如果是新房改变原来厨房的格局，首先也会面临拆墙的任务。

第二步：水路、电路安装改造。

大多数人都愿意将水路、电路做成暗管，因为比较美观。要根据橱柜设计的要求预留好插座的位置、洞口的位置，以及各种灯具的接线口位置。由于水电路是隐蔽工程，所以一定要做到安全、牢固，一次到位，否则后期整改就非常麻烦，也会增加资金的投入。

第三步：墙面地面，抹灰找平。

地面、墙面拆除后，水泥找平墙地面不平整的位置，这将有利于下一步的墙地面施工以及防水工程。

第四步：做防水。

水泥干透后，在墙面和地面刷涂防水涂料 2 ~ 3 遍，做 24 小时试水试验。

第五步：贴砖。

贴砖时，工人要踏在做完防水处理的地面上进行作业，若直接踏在防水上可能会踩坏防水层，使防水失效。粘贴瓷砖时，空鼓不大于 5%，两块砖拼缝对角的地方落差不大于 2 mm。

第六步：安装吊顶、橱柜、灯具等。

在贴完墙砖、地砖后，相关工作人员可以进场，进行吊顶、橱柜和灯具的安装。

第六章

# 卧室设计

WOSHI SHEJI

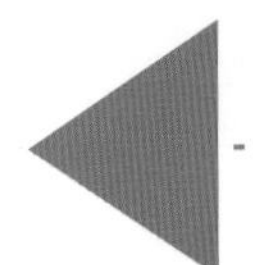

# 第一节 卧室的性质

人的一生大约有 1/3 的时间在卧室中度过，因此卧室的设计对于人的健康和生活质量都会产生很大的影响。卧室主要是睡眠和休息的空间，有时也兼作学习、梳妆等活动场所。家庭成员超过三口以上便需要有主、次卧房之分，主卧房供男女主人居住，次卧房供家庭其他成员（小孩、老人）居住。不同的卧室空间根据不同的使用者会存在很多差异，在设计时应该重视这些差异，以便设计出符合房间主人生理和心理特点的卧室环境。卧室里人的活动以静态为主，是不被外人干扰的私密空间，需要宁静的休息环境，所以卧室的总体气氛是安静、幽雅、祥和。

卧室面积大小应该满足基本的家具布置，包括床、衣柜、床头柜、梳妆台等，家具布置的多少和方式取决于主人家的生活习惯及生活方式，但不管怎样都应满足最基本的使用需求，符合基本的人体工程原理，其最终目的是满足卧室成员正常的起居生活。例如，床应该放在远离房门的角落，以减少各种干扰；床前的区域既是活动空间又是行走通道，在床周边的区域可以设置一些休闲设施，如电视、音响等；书桌或者休闲椅可以放在窗前，足够的通风采光满足人的阅读需求。另外，卧室中的睡眠区域在住宅中属于私密性很强的安静区域，因而在室内空间组织上，尽量将其靠里安排，与门口及公用部分保持一定间隔关系，以避免相互干扰。同时由于人在卧室里待的时间最长，应充分考虑到朝向、采光、通风以及户外景观等因素，在布置的时候扬长补短，营造一个良好的卧室空间环境。

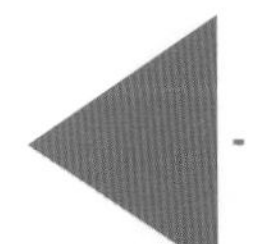

# 第二节 卧室的种类与布局

## 一、主卧室设计

主卧室是住宅主人私人生活的空间，它不仅要满足双方情感与志趣上的共同理想，而且也必须顾及夫妻双方的个性需求，要求有高度的私密性和安全感。在功能上，一方面要满足休息和睡眠等要求；另一方面，它必须合乎休闲、工作、梳妆及卫生保健等综合要求。因此，主卧室实际上是具有睡眠、休闲、梳妆、盥洗、储藏等综合实用功能的活动空间。

在形式上，主卧室的睡眠区可分为两种基本模式，即“共享型”和“独立型”。“共享型”是指共用一个空间进行休息睡眠等活动，选用双人床或者对床，一般家庭的主卧都是安排双人床，有利于增加夫妻两人的情感交流，但缺点是容易造成相互的干扰。“独立型”则是以同一空间的两个独立区域来处理双方的睡眠和休息问题，以尽量减少夫妻双方的相互干扰。

休闲区是以满足主人在卧室内进行视听、阅读、思考等休闲活动为主要内容的区域。应选择适宜的空间区位，一般是靠窗布置，并配以家具和必要的设备，例如沙发、休闲椅等（见图 6-1）。

图 6-1　设置休闲区的卧室

梳妆与更衣也是主卧室的两个相关功能，这两个活动区可以分为组合式和分离式两种形式。一般以梳妆为中心的活动可以配置活动式、组合式或嵌入式梳妆家具，后两者既实用又节省空间，并增进整个卧室空间的统一感。更衣功能的处理，可在适宜位置设立简单的更衣区域，一般可以设计成为入墙式衣橱或沿墙的一边放置衣柜来解决。

储藏区多以衣物、被子储藏为主，用嵌入式的壁柜较为理想，也可利用衣柜和衣橱高度上的空间来储存换季的衣物与用品。当然在面积允许的条件下，可于主卧室内单独设立步入式更衣间或者更衣柜，类似于衣帽间，将更衣和储藏合二为一，增加空间的使用效率（见图 6-2）。

图 6-2　步入式的衣帽间

盥洗区主要是指主卧室专用的卫生间和浴室。由于主卧室的盥洗区是主人专用的卫浴空间，因此在设计的时候可以依据主人的喜好和情调进行有针对性的设计，同时可以对内进行适当的开放式处理，例如隔墙可选用磨砂玻璃进行处理等，增添生活的情趣（见图 6–3）。

图 6–3　通透的主卧卫生间

总之，主卧室的布置应达到隐蔽、私密、安静、合理、舒适健康等要求。在充分表现个性色彩的基础上，营造出优美的格调与温馨的气氛，使主人在优雅的生活环境中身心得到彻底的放松。

## 二、子女房设计

一般供子女使用的卧室可称为次卧室，俗称孩童房。子女拥有自己独立的私密空间，有助于其成长与发展，在设计上要充分考虑到子女的年龄、性别、性格与爱好等因素。

孩子是一个不断成长的个体，他们的成长可划分为四个时期：婴幼儿时期（0～3 岁）、学前期（3～6 岁）、学龄期（6～12 岁）、少年期（12～15 岁）。每个时期孩子的活动能力都比较强，但每个时期孩子的生理和心理也存在显著差异，因此子女房的设计要充分考虑到孩子在不同时期的共性与差异，设计出符合孩子个性、健康、安全、舒适的房间。总的来说，子女房的设计要注意以下几点。

### 1. 子女房在装修和设计方面首先要确保安全性

子女房家具的选择应尽量避免使用玻璃制品等易碎材料，特别注意棱角部位的处理，尽量处理成圆形，避免太过突出而伤害孩子的身体。床铺不要安置在靠近窗户的地方，且不要过高，高低床应设置充足的防护措施，以免造成跌落损伤。在选用材料时一定要选用环保性能好，能保证家居环境安全的产品，最好选择天然材料，选择甲醛挥发限量达标的安全涂料，杜绝室内空气污染。

### 2. 子女房的面积不宜过大

子女房的面积不宜过大，特别是对于学前期和学龄期的儿童来说，房间过于空旷，容易造成孩子的恐惧心理，而且房间过大，房间会显得冷清，从物质场的角度来说，容易吸收孩子身体的“元气”，不利于孩子的身体健康。另外，子女房要选择采光较好的空间，室内采光的好坏直接影响儿童的身心健康成长。

### 3. 子女房设计的功能要合理

一般来说，子女房在使用功能上应满足四个方面的需要：休息睡眠、阅读书写、置放衣物与学习用具、交往休闲。这些功能区的设置满足了孩子日常的休息、学习、交往与玩耍的活动需求。值得注意的是，这几个功能区的设置要避免相互之间的干扰，例如，休息睡眠区、阅读书写区应尽量靠近房间的里面布置，休闲娱乐区可以靠近房间的入口处，并与休息睡眠区和阅读书写区保持一定的距离，避免相互之间的穿插（见图 6–4）。

图 6–4　功能合理的儿童房

### 4. 子女房的空间布局要具有一定的灵活性

孩子是在不断成长的，每一个成长阶段，孩子的生理和心理都会发生变化，那么对空间的具体要求也会发生变化。设计巧妙的子女房首先应该考虑到孩子年龄和身高的变化，空间属性应设计为多功能且具多变性的，家具易移动、组合性高，方便随时重新调整空间，以充分的机动性来适应孩子游戏、学习、休息等各方面成长所需。例如，书桌前的椅子最好具有调节功能，以适应不同成长阶段的人体尺度的需要。另外，一些双层床的脚踏台阶可以做成具有收纳功能的小箱子，不仅可以储存孩子每个时期遗留下来的玩具及杂物等，而且合理巧妙地利用了室内空间（见图 6–5）。

图 6–5　儿童房的多功能家具

### 5. 子女房的色彩

依据孩子的天性子女房的色彩可以适当丰富，但不宜过多过艳，造型不宜复杂怪异。子女房的色调应以浅色为主，因为颜色越鲜艳的涂料所含的重金属越多，容易造成挥发性污染。另外，色彩过于浓重会造成孩子莫名的烦躁情绪，造型怪异的家具和陈设容易形成凌乱的投影，造成孩子的恐惧心理，这些都不利于孩子心理的健康成长。

## 三、老人房设计

根据 2000 年我国人口普查的结果，我国 60 岁及以上的人口数量已超过人口总数的 10%，到 2020 年我国 60 岁及以上人口数量预测将达到人口总数的 15% 以上。按照联合国的标准，我国已经进入了老龄化社会。老年人问题涉及千家万户，关系到每一个人，特别是老年人的居住问题直接影响着每一个家庭。人在进入老年以后，从心理到生理均会发生许多变化，居住空间设计应如何适应老年人的需求变化，已成为设计者所面临的迫切问题。

人到暮年喜欢安静，老年人对房间环境的要求是隔音效果要好，不受外界的干扰，尤其是门窗和墙体的设计要充分考虑密闭性与隔音性，尽量选用气密性较好的隔音材料。同时，老年人的房间应尽量远离客厅，避免居室里的公共活动对老年人的干扰。另外，老人房的电器设备（如空调、排风扇等）应选用噪音控制较好的产品，并且要安装牢固，避免噪音的产生。

由于体能的下降、身体协调性能的降低以及反应速度的变慢，老年人身体活动的灵活性明显不如年轻人，因此老人房在空间设计以及家具的选择上应充分考虑老年人的这一生理特点。为保证老年人行走方便，室内应避免出现门槛和高差变化，必须做高差的地方，高度不宜超过 2 cm，并宜用小斜面加以过渡。在地面材质的选择上，应选择具有防滑性能，富有弹性的木地板或地毯，使其脚感柔软、舒适，并具有防滑、吸声、保温等功能。家具的高度应适中，太高或太低都会导致使用的不便，易造成跌落、扭伤等意外，家具的棱角应圆润细腻，避免生硬、尖锐，以免造成磕伤。

日照是保证老年人生命质量的一个重要条件，充足的日照能提供太阳光紫外线，起到消毒并净化空气质量的作用，满足室内卫生保健需要。因此，老人房应尽量安排在朝南方向，并且有足够尺寸的窗户设置，以保证室内拥有充足的日照。但值得注意的是，床的摆放最好不要靠近窗户，一是强烈的光照会影响睡眠的质量，二是窗户是通风的地方，容易使老人受寒着凉。

老年人和孩子一样，对环境特别敏感，周围环境的好坏直接影响到老年人的情绪和生活状态，因此老人房要根据老年人的兴趣爱好和生活习惯来进行布置。例如，老人喜欢阅读，在条件允许的情况下，可以在房间设置舒适的阅读区域，靠近窗户摆放躺椅，角落里放置一个盆栽，形成一个惬意的阅读空间。如果老人喜欢下棋，可以设置一个小的棋艺区，配上精致的饮茶工具，生活其乐无穷（见图 6-6）。尊重老年人的生活习惯，才能创造一个适合老年人身心健康、亲切、舒适和幽雅的空间环境。

## 四、客房设计

在人口日益增加，土地供应相对紧张的今天，城市住宅寸土寸金，在城市商品房的设计中，一般不会设置客人房。客人房一般会与其他房间兼容使用，例如，用书房兼做客房，常见的做法是在靠近窗台的部分设置一个抬高的榻榻米，平时可以作为品茶的茶座，客人来了可以在上面铺设床垫，成为供客人休息的床，或者用坐卧两用的沙发来解决客人就寝的问题。如果条件允许，尤其是在复式楼或别墅中为客人提供一个舒适的留宿空间也是很常见的，一般客人房的面积不需要太大，内部的装饰和陈设也不需要太复杂，除了基本的床、床头柜、衣柜等外，还可以摆放一些简易的梳妆台和书桌。不管怎样，客房设计应本着简洁、大方、实用的原则，既经济实用，也不会让客人感觉拘谨（见图 6-7）。

图 6-6　宁静祥和的老人房

图 6-7　简洁大方的客人房

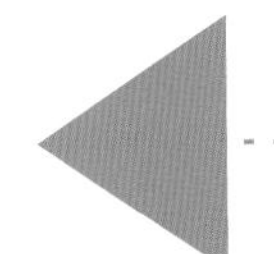

# 第三节 卧室的设计手法

## 一、以“床”为中心的设计

卧室是供人就寝和休息的地方，人的一天有 1/3 的时间是在床上度过的，床自然而然成为卧室空间的中心，因此卧室空间的布局、装饰、陈设都应以睡眠区的床为中心而展开。首先，床的摆放至关重要，其位置直接影响睡眠的质量。一般来说，床应尽量摆放在卧室的中间，尽量不要靠近窗和门。靠近窗户的区域光线充足，光照会影响人的睡眠，而且窗户是通风的地方，老人和小孩容易受凉感冒；门是进入卧室的入口，靠近门的区域容易受到卧室外公共空间活动的影响，极易受到噪音的干扰，而且床的体积较大，摆放在门口容易造成进出卧室的不便。

其次，床的尺寸要大小合适，要和卧室空间的比例协调，常见的床的尺寸有 1800 mm × 2100 mm、1500 mm × 2100 mm、1300 mm × 2100 mm 等，应根据房间面积的大小选择合适的床，否则会影响到房间的正常使用。再次，以床为中心，床的摆放决定其他家具陈设的摆放。例如，通常在床的两边放置床头柜，柜面放置台灯，柜子里面存放一些日用品，方便拿取和使用；衣柜通常靠近床的侧边墙放置，既方便使用又充分利用空间；床的另一侧边墙，在靠窗的位置可以放置梳妆台，充足的光线方便主人的日常梳理；正对床的一面可以做成电视墙，方便观看（见图 6-8）。

图 6-8　以床为中心的卧室布置

## 二、空间界面设计

界面是指形成室内封闭空间的顶棚、地面、墙面等六个界面，界面设计实质就是对这六个面进行设计的过程。室内空间界面主要分为水平界面和垂直界面，水平界面包括顶面、地面，垂直界面包括墙面、隔断等。在室内空间中处理好各个界面之间的关系，不仅可以使住宅具有鲜明的个性，形成独特的氛围，而且有助于加强室内空间的完整性。卧室空间的界面设计，主要从顶棚、墙面、地面等三个方面进行分析。

**1. 卧室的顶棚**

顶棚作为室内空间的顶界面，具有醒目的特点，由于没有阻挡物，其在空间中最先进入人的视线，因此顶棚设计的好坏直接影响着人的第一观感。由于追求整体美观以及管线处理的需要，在进行设计的时候往往对顶棚进行吊顶的处理。吊顶一般分为平顶、凹顶（四周低中间高）、凸顶（中间低四周高）三种形态。就卧室而言，床一般都摆放在室内中间的位置，因此卧室的吊顶最好采用平顶或凹顶，不宜采用凸顶，因为凸顶的中间是下沉的，睡在下面的人容易产生一种压抑感，从感官上会感觉很不舒服，另外吊顶的造型也不宜过于复杂和花哨，容易产生“头重脚轻”不稳定的视觉效果（见图 6-9、图 6-10）。

图 6–9　卧室平顶

图 6–10　卧室凹顶

### 2. 卧室的墙面

墙面有四个面，在界面中所占的比例最大，而且墙面与人的视线位置相当，人在室内空间中，目光所到之处基本都是在墙面上，所以墙面的设计显得尤为重要。墙面是形成整个空间装饰氛围的基础。由于卧室是提供休息的场所，因此卧室墙面的装饰处理要尽量简洁，以利于营造良好的休息气氛。同时，为了避免室内过于单调，可以选择一面或两面墙进行重点设计。通常是选取床头的墙或者与床正对的墙作为重点设计的墙界面，可以在造型、颜色、材质上做些变化，以形成卧室装饰的视觉焦点。另外，墙面起着主要的隔热和隔声的作用，所以墙面应该选择保温性和吸声性较好的装饰材料，常用的材料有壁纸、壁布、乳胶漆、局部的木饰等。

### 3. 卧室的地面

地面是与顶棚平行的底界面，与顶棚不同，由于地面常常被家具、设备、人的活动占据，所以显露的程度较低，在造型和材料的处理上要相对简单。如果做得太复杂、太花哨，不仅显示不出效果，而且在经济上也不划算，因此卧室的地面基本上采用平铺的装饰手法，即将木地板、地砖、地毯等均匀地铺满在室内的地面上，显得简洁大方。卧室的地面在造型的处理上尽量不要有高差，特别是老人的卧室，容易造成跌倒等意外的发生。此外，地面又是与人体接触最多的界面，地面的软硬程度直接影响人的触感，因此卧室的地面要给人以柔软、温暖和舒适的感觉，最好不要考虑冰冷生硬的材质，以木地板为宜，其自然古朴的特性让人感觉特别亲切，有时也可以在木地板的基础上配置局部的地毯，这样会让人感到温馨（见图 6–11）。

图 6–11　软硬搭配的地面铺装

## 三、灯光设计

卧室的灯光设计要有利于构成宁静、平和、隐秘、温馨的气氛，让人有一种安全感。通常卧室的灯光照明包括整体照明、局部照明和装饰照明三种类型。整体照明供休息起居之用，局部照明供梳妆、更衣、阅读等活动之用，而装饰照明仅仅起到美化的作用。

### 1. 整体照明

整体照明又称为一般照明，为室内的一般活动提供照明服务。但就卧室而言，整体照明的平均照度不宜太高，一般在 50 ~ 70lx 为宜，光线宜柔和，不宜太亮，以使人容易进入睡眠状态。用于整体照明的灯具一般设置在顶棚的中间位置，以达到照射范围最大化的效果，但不要正对床头，以免光线直射眼睛，影响休息。设置在顶棚的整体照明，应选择间接、半间接或漫射型的照明方式，光源宜采用色温较低的紧凑型荧光灯，使光线更加柔和。整体照明的灯具类型可根据室内空间的高度进行选择，当空间高度较高时可以选择吊灯，低矮的空间宜使用吸顶灯，吊灯应采用灯泡深入灯罩内的内藏式吊灯，其目的是减少炫光，吸顶灯宜采用乳白色半透明型的灯罩，可以增加灯光的漫射效果。

### 2. 局部照明

常见的局部照明有床头照明、梳妆照明和壁灯照明等。人们在睡眠前常常有阅读书报的习惯，因此床头照明变得必不可少，常见的方法就是在床头柜上放一盏台灯，或是在床头边放置一盏落地灯，作为人在卧床阅读时的照明。床头灯的功率一般在 30W 左右，宜采用直接或半直接照明的形式。灯的高度不宜太高，以免造成局部投影而影响到人的阅读。对于兼有梳妆功能的卧室，要在梳妆台装饰镜镶灯，通常安装在镜子上方，在视野 60° 立体角外，以防止炫光。梳妆要求显色性较好的高照度照明，最好采用白炽灯或显色指数较高的荧光灯，灯光照射人的面目而不是射向境内，照度以 200lx 为宜。壁灯主要用于背景照明，或是满足于既需要一定的照度但又不希望过于光亮效果的照明，例如，电视背景照明，当人躺在床上看电视时，由于电视本身的光线会忽明忽暗，观看的视角也容易发生变化，人的眼睛容易产生疲劳，但如果补充的光照过于明亮，又会产生炫光的不良效果，因此以漫反射和间接反射为主的壁灯就是电视背景照明的最佳选择，壁灯的功率最好不要超过 15W，照度宜保持在 30lx 以下，这样才能对电视光线进行很好的补充。

3. 装饰照明

装饰照明，顾名思义就是对环境起装饰和美化作用的照明，因此装饰照明不需要太亮，照度不要超过 15lx，太亮反而会太过刺眼，对室内的光环境起到相反的效果。装饰照明一般采用暗藏灯的形式，通常内藏于吊顶和墙壁的凹槽处（见图 6-12）。为了渲染气氛，灯光的颜色可以有多种选择，不一定拘泥于常见的亮白色或者淡黄色，可以依据卧室的风格，选用紫色或者蓝色的装饰灯光，可以营造出浪漫温馨的卧室环境。

图 6-12　吊顶的暗藏灯

## 四、色彩设计

色彩是室内设计的一个基本元素，虽然它离不开具体的物体，但却比其他设计元素有着更强大的视觉感染力，色彩设计在室内设计中占有非常重要的地位。

室内色彩由墙壁、地板、天花板及家具、家电、灯具、陈设、植物等颜色构成，色彩的选择与房间的结构、用途和住户的性格、爱好、生活习惯密切相关。色彩与居室内的空间感、舒适度、环境气氛等联系紧密，对人的生理和心理均会产生很大的影响，因此设计者必须在色彩上进行周密细致的推敲，使居住空间的色彩相互协调，才能取得令人满意的空间效果。

对室内色彩进行设计，首先要对室内色彩的构成有一定的了解。虽然室内环境由多种色彩组成，但一般情况下可以把众多的色彩结构分解为背景色、主体色和强调色这三类。

背景色：主要依托于室内的天花板、墙壁和地面这三个界面。这三个界面面积最大，起到背景烘托的作用。一般会选用高明度、低彩度或中性色作为主要的背景色，慎用高彩度的颜色，避免整个房间看起来跳跃、刺眼，有失稳重（见图 6-13）。

主体色：主要依托于室内的家具、大体积的陈设（如屏风）、大面积的软织物（如窗帘）等，面积适中，起到渲染室内气氛、体现室内风格的作用。主体色一般会选用和背景色相近的色彩，或者是同色系的高彩度、中明度、较有分量的色彩，在背景色的基础上达到营造室内环境的目的（见图 6-14）。

图 6–13　有失稳重的背景色

图 6–14　主体色的色彩搭配

强调色：主要依托于小体积的陈设、小面积的软织物、装饰性植物等，面积最小，起到强调视觉焦点、画龙点睛的作用。强调色一般会选用高彩度、高明度的色彩，或是与背景色和主体色反差较大的色彩，以达到突出的效果。

卧室作为住户休憩的场所，其色彩设计因其功能的特殊性而有着自身的特点。卧室需要一个安静、舒适的环境供人休息，因此在背景色的选择上尽量选择素雅的颜色，例如米黄、蓝灰、白色等颜色，慎用紫色、大红、浅绿、柠檬黄等跳跃的颜色，因为这些鲜艳的颜色有很强的视觉冲击力，大面积的使用会带给置身其中的人一种躁动不安的情绪，而且这些颜色因其彩度高，在颜色上具有"侵蚀性"，不利于与其他主体色和强调色的搭配。主体色的颜色应尽量和背景色保持协调，以达到统一的目的。例如，背景色以米黄色为主，那么家具的颜色应尽量选择原木色，即中黄色，床罩和窗帘的颜色则选择暖黄色，这样可以跟背景的米黄色形成一个层次递进，并有一些变化，但整个空间的色调又保持了一致性（见图 6–15）。强调色可以根据个人的喜好来进行选择，但最好跟主色调有一个反差对比，避免整个空间显得单调。例如，主色调以黄色系为主，那么床头靠枕的颜色和床尾躺椅的坐垫颜色可以选择紫色或者蓝灰色，因为这两个颜色属于冷色系，中和了空间中黄色的暖色效果，避免房间看起来单调乏味。

当然，卧室颜色的搭配没有固定的模式，一切以房间的户型、结构、空间大小为依据，以实用为先，做到既实用又美观。例如，颜色具有调节光线的作用，理论上白色反射率为 60% ~ 90%，灰色为 10% ~ 60%，而黑色则在 10%以下，因此可以通过颜色来调节室内光线的强弱。在室内光线太多太强，室内空间比较高的情况下，可以采用反射率较低的颜色，如蓝灰色；反之，则采用反射率较高的颜色，如白色，以增加光线的强度。另外，卧室的颜色还要依据使用者的个人特点来进行设计。例如儿童房的色彩设计。由于儿童天性活泼，其房间的颜色不能太过灰暗，应尽可能用活泼的颜色，以符合儿童的天性。相反，老人房的颜色则不宜太过跳跃，尽量以素雅为主，而且老年人的视力一般都不太好，对室内光线的强度有一定的要求，因此将反光率较高的白色作为背景色的主色调是其最佳的选择。米色系的色彩搭配（见图 6–15）比较适合老人房。

图 6–15　米色系的色彩搭配

第七章

# 书房设计

SHUFANG SHEJI

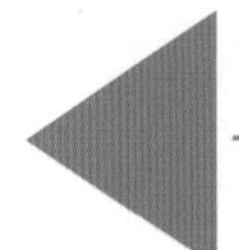

# 第一节 书房的性质

书房在家庭中属于较为内向型的空间，具有较强的私密性。传统观念认为，书房只是专门为主人提供的一个阅读、书写、工作的空间环境，功能较为单一。随着时代的进步，当今书房有“第二起居室”之称，当起居室的人们正观赏精彩的电视节目时，书房则成为与朋友谈天说地的代用空间。另外，书房还是主人修养、文化类型、职业性质的展示室，除了书籍，还可悬挂、摆放、画作以及能体现主人个性、职业特点的陈设品。

书房，古称书斋，是住宅内的一个房间，专门用作阅读、自习或工作之用。书房的基本设施包括桌、椅及书柜，有些书房亦会设有计算机。

在一些没有书房的住宅，通常会将睡房的部分位置用作书房之用。

书房是读书、写字或工作的地方，需要宁静、沉稳的氛围，人在其中才不会心浮气躁。传统中式书房从陈列到规划，从色调到材质，都表现出雅静的特征，因此也深得不少现代人的喜爱。在现代居室中，拥有一个“古味”十足的书房、一个可以静心潜读的空间，自然是一种更高层次的享受。

中式家具的颜色较重，虽可营造出稳重效果，但也容易陷入沉闷、阴暗，因此，中式书房最好有大面积的窗户，让空气流通，并引入自然光及户外景致。以前还会有人在书房内外营造些山水小景，以衬托书房的清幽。

现代居室若受空间条件所限，无法开足够大的窗子，那么在灯光照明上应该缜密考虑，必须保证有充足且舒适的光源。

此外，精致的盆栽也是书房中不可忽略的装饰细节，绿色植物不仅让空间富有生命力，对于长时间思考的人来说，也有助于舒缓精神。

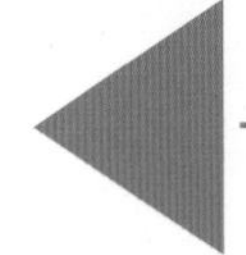

# 第二节 书房的种类与布局

## 一、工作室设计

工作室是一处创意生产和工作的空间，形式多种多样，可根据工作性质灵活调整和配备（见图 7–1）。

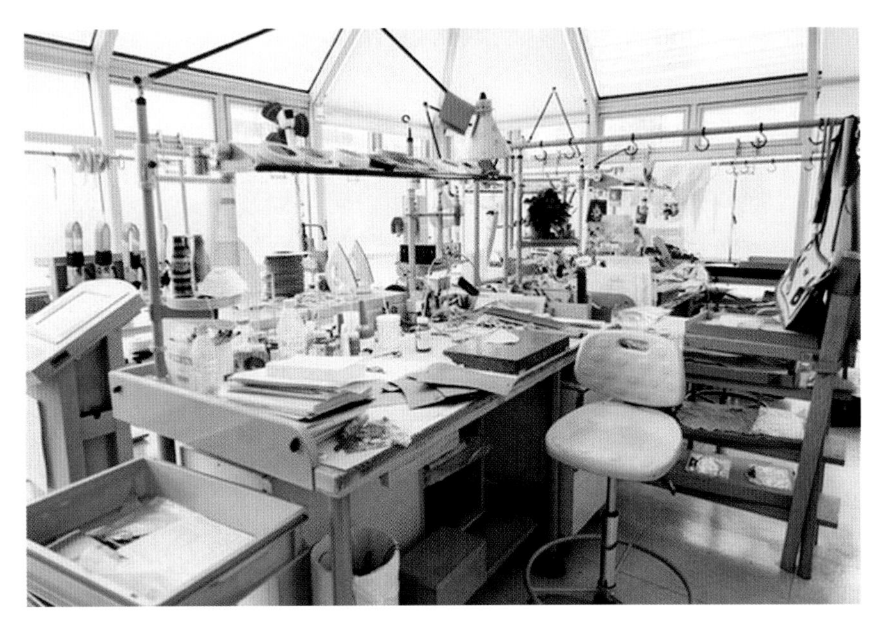

图 7-1 工作室设计

## 二、商务会客室设计

商务会客室除了必要的书桌椅，还要有会客的区域和设施。由于是居室中会客磋商的地方，装修色调不必拘泥于职场三色，可以多一些活泼的色彩甚至靓丽的点缀，太过压抑的环境对于交流无益，适当活泼的色彩更有利于沟通的顺畅（见图 7-2）。

图 7-2 商务会客室设计

## 三、多功能书房设计

多功能书房意为集书房、客房、休闲室、储物间等功能于一体的实用空间，通过改变传统布局，使房间更具立体感和层次感，有效利用有限空间实现“一室多用”的功能。可谓实用性小空间里的大世界，通过对空间的合理划分让书房增添了新的功能（见图 7-3）。

图 7-3　多功能书房设计

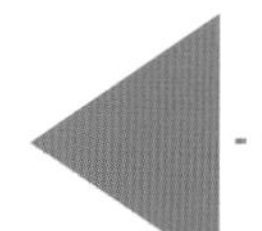

# 第三节 书房的设计要点

## 一、照明及采光设计

### 1. 保留自然光很重要

书房适合阅读，书房的位置最好在自然光源能照射到的地方，即使与其他空间共享，例如主卧室或客厅角落等，书桌的位置也最好贴近窗户。另外，可透过百叶窗的设计，调整书房自然光源的明暗。

### 2. 间接光源烘托书房气氛

间接光源能避免灯光直射所造成的视觉炫光伤害，而且把灯开得很亮反而让人觉得有点累，不会想在这个空间待太久，思考不易集中。因此，在设计书房时最好设有间接光源的处理，例如，在天花板的四周安置隐藏式光源，这样能烘托出书房沉稳的气氛。

### 3. 书桌增添台灯加强阅读照明

若想在书桌前阅读，只有间接照明并不够，最好在桌角处安置一盏台灯，或者在正上方设置垂吊灯做重点照明。如果家中有小孩，除了书桌的设计必须随其身高调整高度外，在桌上局部光源的部分，最好能选用电子式台灯，并且在采购前最好先试试是否会有闪光的情形发生。

### 4. 避免光源直射计算机屏幕

由于计算机屏幕本身会发出强烈的光，若空间的光源太亮，打到屏幕上则会反光，眼睛容易不舒服，甚至看不清屏幕上的字。但是若只让计算机屏幕亮，而四周较暗，则容易视觉疲乏。正确的做法是不让计算机周边的墙壁暗，要让两者的亮度差不多，长时间阅读计算机的文字时，才不容易眼睛疲劳。

**5. 利用轨道灯直射书柜营造视觉端景**

书柜也可透过灯光变化，营造有趣的效果，例如，透过轨道灯或嵌灯的设计，让光直射书柜上的藏书或物品，就会产生端景的视觉焦点变化。

## 二、隔音设计

书房是学习和工作的场所，相对来说要求安静，这样能提高工作效率，所以在装修书房时要选用那些隔音吸音效果好的装饰材料。顶棚可采用吸音石膏板吊顶，墙壁可采用 PVC 吸音板或软包装饰布等，地面可采用吸音效果佳的地毯，窗帘要选择较厚的材料，以阻隔窗外的噪音。

## 三、内部陈设设计

根据主人的生活习惯、工作特点，书房可以显现不同的形态和功能，所以一间主人所需要的、用起来舒适的书房就是好书房。可以将计算机桌、计算机椅、各式组合式书柜以及休闲小沙发随意组合，充分展现自我个性。无论书桌与计算机桌是否连接，“L”形台面都是最适合工作与上网的工作台。如果还没有空间，在书桌旁摆放一个半高的小文件柜或书架，或者是在工作台的墙面上搭几块隔板，就会让文件、书籍、光盘的拿取轻而易举。在书房里，书是使用最为频繁的工具，所以书房的饰物应以书为主，力求“情”景交融，充分体现主人的专长与情趣，书柜的摆设可依不同的需要和空间状况使其适得其所（见图 7-4）。书房内还需要一些绿色点缀，用以调节环境。饰物的摆设要适合主人的个性，力求整洁有序，除书柜内书籍摆放整齐以外，陈设的装饰品的大小、颜色、造型要与书房的格调相呼应。主人的职业和爱好也可以在书房中得以展示，如果主人是音乐工作者，可在墙上悬挂著名音乐家的肖像；如果是画家或书法爱好者，可在写字桌上摆上文房四宝，墙上挂些精品字画。

图 7-4　书柜设计

## 四、色彩设计

书房墙面比较适合涂上亚光涂料，壁纸、壁布也很合适，因为可以增加静音效果、避免眩光，让情绪少受环境的影响。地面最好选用地毯，这样即使在思考问题时踱来踱去，也不会出现令人心烦的噪音。颜色的要点是柔和、使人平静，最好以冷色为主，如白、蓝、绿、灰等，尽量避免跳跃和对比的颜色（见图 7-5）。

图 7-5　柔和色调设计

第八章

# 卫浴间设计

WEIYUJIAN SHEJI

# 第一节
# 卫浴间的性质

卫浴间是供居住者洗浴、盥洗等日常卫生活动的空间，又称卫生间。卫浴间是最私密的场所，是居室很重要的组成部分，对卫浴间的关注体现了我们对生活的更高追求。许多人既要卫浴间实用、舒适，又要其时尚、有个性。为了迎合现代人的需求，在卫浴间的设计上应力求别具风格，不但注重功能性，还要彰显出主人的生活品位和个性。住宅的卫浴间一般有专用和公用之分。专用的只服务于主卧室（见图 8-1）；公用的与公共走道相连接，由其他家庭成员和客人使用。卫浴间根据布局可分为独立型、兼用型和折中型三种，根据形式可分为半开放式、开放式（见图 8-2）和封闭式。目前比较流行的是干湿分区的半开放式设计（见图 8-3）。

图8-1　主卧室卫浴间

图 8-2　开放式卫浴间

图 8-3　干湿分区的卫浴间

# 第二节 卫浴间的种类与布局

## 一、独立型卫浴间

浴室、厕所、洗脸间等各自独立的卫浴间，称为独立型卫浴间（见图 8-4）。独立型卫浴间的优点是各室可以同时使用，特别是在高峰期可以减少互相干扰，各室功能明确，使用起来方便、舒适。缺点是空间面积占用多，建造成本高。

图 8-4　独立型卫浴间

## 二、兼用型卫浴间

把浴盆、洗脸间、便器等洁具集中在一个空间中的卫浴间，称为兼用型卫浴间（见图 8-5）。单独设立洗衣间，可使家务工作简便、高效，洗脸间从中独立出来，其作为化妆室的功能变得更加明确。洗脸间位于中间可兼作厕所与浴室的前室，卫生空间在内部分隔，而总出入口只设一处，是利于布局和节省空间的做法。

图 8-5　兼用型卫浴间

兼用型卫浴间的优点是节省空间、经济、管线布置简单等，缺点是一个人占用卫生间时，影响其他人的使用。此外，面积较小时，储藏空间很难设置，不适合人口多的家庭。兼用型卫浴间中一般不适合放洗衣机，因为入浴时产生的湿气会影响洗衣机的使用寿命。

## 三、折中型卫浴间

将卫浴间中的基本设备，部分独立放到一处的卫浴间称为折中型卫浴间（见图 8-6）。折中型卫浴间的优点是相对节省空间，组合比较自由，缺点是部分基本设备设置于一室时，仍有互相干扰的现象。

图 8-6　折中型卫浴间

## 四、其他布局形式

除了上述几种基本布局形式以外，卫浴间还有许多更加灵活的布局形式，这主要是因为现代人给卫浴间注入了新概念，增加了许多新要求。因此，在卫浴间的装饰中，不要拘泥于条条框框，只要自己喜欢，同时又方便实用就好。

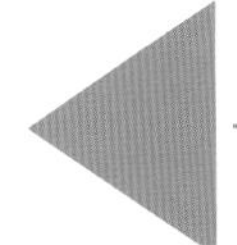

# 第三节 卫浴间的装饰手法

## 一、围合空间的界面处理

通过围合空间的界面处理来体现格调，如地面拼花、墙面划分、材质对比、洗手台面的处理、镜面和画框的做法以及储存柜的设计。装修时应该考虑洁具的形状、风格对其产生的影响，应互相协调，同时在做法上要精细，尤其是在装修与洁具的互相衔接部位上，例如，对浴缸的收口以及侧壁的处理，对洗手化妆台面与面盆的衔接处理，精细巧妙的做法能反映卫浴间的品格。面盆与台面设计如图 8-7 所示。

图 8-7　面盆与台面设计

## 二、照明的设计

一般卫浴间的整体照明宜选白炽灯，柔和的亮度就足够了，但化妆镜旁必须设置独立的照明灯做局部灯光补充，镜前局部照明可选日光灯，以增加温暖、宽敞、清新的感觉。在卫生间灯具的选择上，应该选择具有可靠的防水性与安全性的玻璃或塑料密封灯具。在灯饰的造型上，可根据自己的兴趣与爱好选择，但在安装时不宜过多，不可太低，以免累赘或发生溅水、碰撞等意外。化妆镜与镜前灯设计如图 8–8 所示。

## 三、色彩设计

对卫生间装修的考究，近年来被认为是中产阶级重视生活品质的标志。一个称心的卫生间，除了干净舒适之外，视觉上的美感也举足轻重。试想，一个色彩考究又干净的卫生间，一定能产生既深刻又强烈的视觉冲击效果。明亮宽敞的沐浴环境对空间的设计要求格外高，因此，使用玻璃来加强采光、选用干燥易打理的材质、营造空间对流良好的通风系统，都是卫生间的设计重点。此外，色彩运用得当，还可以让卫生间更精致、更个性化。在洁具上精益求精的人，也可以将卫生间设计得很“炫”，大胆采用极度饱和的色彩，如选择有色彩的瓷砖、壁面油漆、马桶、五金配件等，从而使卫生间自由奔放起来，海洋主题的卫生间如图 8–9 所示。

图 8–8　化妆镜与镜前灯设计

图 8–9　海洋主题卫生间

第九章

# 公共走道及楼梯设计

GONGGONG ZOUDAO JI LOUTI SHEJI

# 第一节 公共走道设计

## 一、走道的类型

### 1. 形式上

(1) 一字形：方向感强、简洁、直接。

(2) “L”形：走廊迂回、含蓄，富于变化，加强空间的私密性。可以联系性质不同的公共空间，保持动静区域的独立性。

(3) “T”字形：采用多向联系的方式，通透，打破沉闷、封闭感。

### 2. 性质上

(1) 外廊：在廊的一侧布置房间，也称单面走廊。

(2) 内廊：在廊的两侧布置房间，也称双面走廊。

## 二、走道的装饰手法

走道设计的原则：尽量避免狭长感和沉闷感。

采用的方法：作为艺术走廊；在墙壁上制造仿古的感觉；营造趣味中心；利用辅助光源营造气氛。

趣味性走廊如图 9-1 所示。

复古式走廊如图 9-2 所示。

装饰性走廊如图 9-3 所示。

图 9-1　趣味性走廊

图 9-2　复古式走廊

图 9-3　装饰性走廊

# 第二节 楼梯的设计

## 一、楼梯的组成

楼梯一般由楼梯段、平台及栏杆（或栏板）三部分组成（见图 9-4）。

### 1. 楼梯段

楼梯段是楼梯的主要使用和承重部分。它由若干个踏步组成。为减少人们上下楼梯时的疲劳感和适应人们的步行习惯，一个楼梯段的踏步数要求最多不超过 18 级，最少不少于 3 级。

### 2. 平台

平台是指两楼梯段之间的水平板，有楼层平台、中间平台之分。其主要作用是缓解疲劳，让人们在连续上楼时可在平台上稍加休息，故又称休息平台。同时，平台还是梯段之间转换方向的连接处。

### 3. 栏杆

栏杆是楼梯段的安全设施，一般设置在梯段的边缘和平台临空的一边，要求它必须坚固可靠，并保证有足够的安全高度。

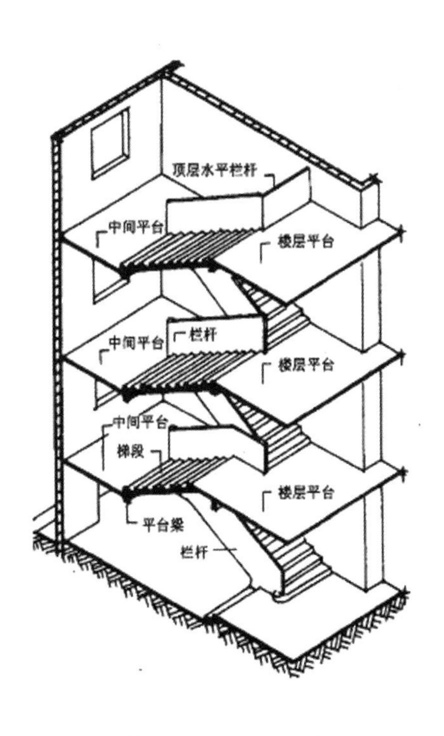


图 9-4　楼梯的组成

## 二、楼梯的类型

楼梯分四种类型：直跑楼梯、圆形楼梯、弧形楼梯和螺旋式楼梯。楼梯的平面形式如图 9-5 所示。

### 1. 直跑楼梯

直跑楼梯是应用最普遍的一种楼梯类型，梯段都是直线形的，可设计成不同形式。

直线式：楼层之间只有一个梯段（见图 9-5（a）），或是在直线方向分成二至三个梯段，梯段之间有休息平台（见图 9-5（b））。

平行式：连续的梯段互相平行，但由一个或多个休息平台分开，包括双跑平行楼梯（见图 9-5（c））和双分平行楼梯（见图 9-5（d））两类。

转角式：连续的梯段以不同于 180° 的角度设置（通常是 90° ），梯段之间有休息平台，此类型又常有曲尺楼梯（见图 9-5（e））、双分转角楼梯（见图 9-5（f））、三跑楼梯（见图 9-5（g））、三角形三跑楼梯（见图 9-5（h））等。

剪刀式：一对直线踏步楼梯在平面上相互平行，但分别从分隔墙两边朝相反方向起步，包括交叉式楼梯（见图 9-5（i））和剪刀式楼梯（见图 9-5（j））两种。

### 2. 圆形楼梯

圆形楼梯在平面上为开敞式的圆形，只有一个曲率中心（见图 9-5（k））。

### 3. 弧形楼梯

弧形楼梯在平面上是有两个或两个以上曲率中心的椭圆形或其他一些组合弧形，楼层之间可设一个或更多的休息平台（见图 9-5（l）），也可不设（见图 9-5（m））。

### 4. 螺旋式楼梯

螺旋式楼梯是封闭的圆形，有均匀的扇形踏步和一个中心支柱（见图 9-5（n））。

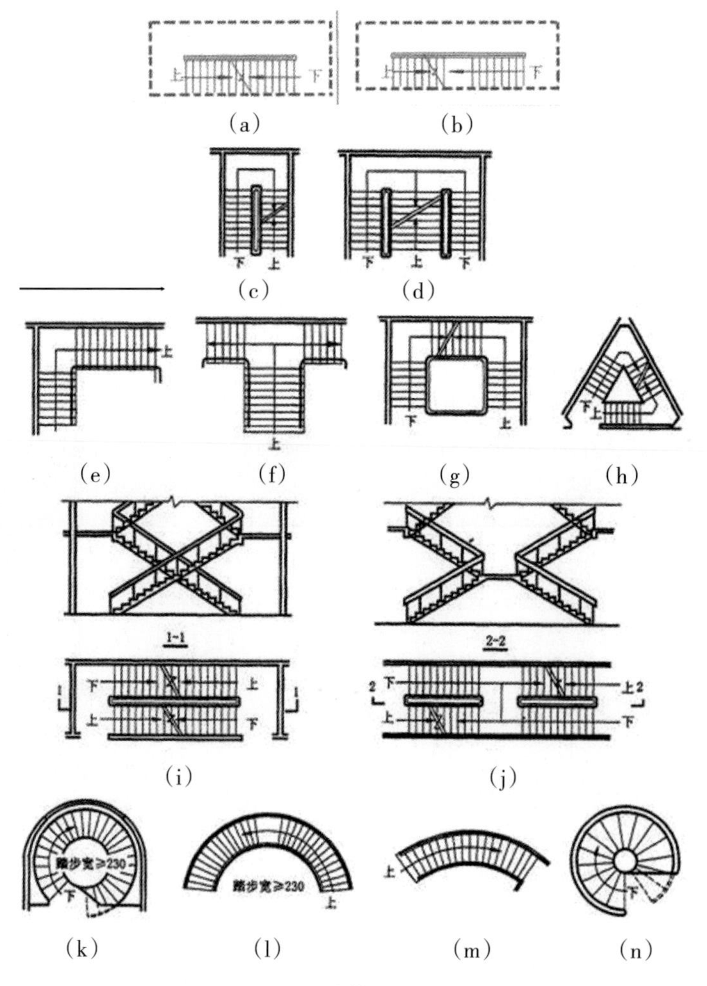


图 9-5　楼梯平面形式

直线式楼梯（见图 9–6）应用广泛、普及，它节省空间，和其他空间也易于衔接，方向感、联系感较强。

平行式楼梯（见图 9–7）较隐蔽，易于强化楼上空间的私密性。

图 9–6　直线式楼梯

图 9–7　平行式楼梯

转角式楼梯（见图 9–8）常沿墙布置，有较强的变向功能，可用来衔接轴向不同的两组空间，节省空间，有一定的引导性，常可利用形成储藏空间。

圆形楼梯（见图 9–9）、弧形楼梯（见图 9–10）、螺旋式楼梯（见图 9–11）造型生动、富于变化，节省空间，常成为空间中的景观和居室空间不可分割的部分。

图 9–8　转角式楼梯

图 9–9　圆形楼梯

图 9–10　弧形楼梯

图 9–11　螺旋式楼梯

## 三、楼梯的尺度

### 1. 楼梯段的宽度

楼梯段的宽度必须满足上下人流及搬运物品的需要。从安全角度出发，楼梯段的宽度是由通过该梯段的人流数确定的，一般住宅中的楼梯段宽度以满足居住者的使用经济为主，750 mm 即可。

### 2. 楼梯段的坡度与踏步尺寸

楼梯段的最大坡度不宜超过 38° ，当坡度小于 20° 时，采用坡道；当坡度大于 45° 时，则采用爬梯。踏步的高度一般在 150～180 mm 之间，宽度在 200～250 mm 之间。

### 3. 楼梯栏杆扶手的高度

楼梯栏杆扶手的高度，指踏面前缘至扶手顶面的垂直距离。楼梯栏杆扶手的高度与楼梯的坡度、楼梯的使用要求有关，楼梯较陡时，扶手的高度较矮，坡度平缓时高度可稍大。在 30° 左右的坡度下常采用 900 mm 高的栏杆扶手；儿童使用的楼梯，其栏杆扶手一般高 600 mm。一般室内楼梯高度大于 900 mm，靠梯井一侧的水平栏杆长度大于 500 mm，其高度大于 1000 mm，室外楼梯栏杆高度大于 1050 mm。

### 4. 楼梯尺寸的确定

楼梯的设计要点是楼梯梯段和平台的设计，而梯段和平台的尺寸与楼梯之间的开间、进深和层高有关。

### 5. 楼梯的净空高度

为保证在楼梯通行或搬运物件时不受影响，其净高在平台处应大于 2 m；在梯段处应大于 2.2 m。

第十章

# 储存空间的设计

CHUCUN KONGJIAN DE SHEJI

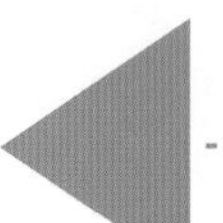

# 第一节 储存空间的形式

## 一、开放式的储存空间

开放式的储存空间用来陈列具有较强装饰作用或值得炫耀的物品，例如，酒柜用来陈列种类繁多、包装精美的酒具和美酒（见图 10–1），书柜则用来展示丰富的藏书以及各类荣誉证书等（见图 10–2）。开放式的储存空间讲求形式、材质，配合照明的灯光，是住宅装饰设计中的重要部分。

图 10–1　开放式酒柜

图 10–2　开放式书柜

## 二、密闭式的储存空间

密闭式的储存空间往往用来存放一些实用性较强而装饰性较差的东西，例如，壁柜用来存放粮油、工具，衣柜用来存放四季衣物、被褥，走廊的顶柜用来存放旧的物品等。密闭式的储存空间实用性很强，往往要求较大的尺度，使用的装饰材料也较普通（见图 10–3）。

图 10–3 密闭式储藏室

## 三、独立式的储存空间

独立式储藏室用于储藏日用品、衣物、棉被、箱子、杂物等物品。储藏室的合理面积在 1.5 $m^2$ 以上。为了增加储藏量，储藏室一般设计成“U”形（见图 10–4）或“L”形，根据面积大小可设计成可进人和不进人的式样。储藏室的墙面要保持干净，不至于弄脏存放的物品。柜顶可装节能灯，增加照明度，减少潮湿性。地面可铺地板或地毯，保持储藏空间干净，不易起尘。

图 10–4 U 形储藏室

第十一章

# 设计方法及案例鉴赏

SHEJI FANGFA JI ANLI JIANSHANG

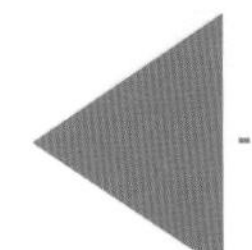

# 第一节 设计方法

## 一、核准现场

核准现场是进行居室空间设计的先决条件，也就是我们通常说的“量房”。

接到设计任务以后，设计师应尽可能取得并熟读建筑图纸资料。只要有机会到现场，就必须第一时间进行现场的核准。同时，设计师应与委托方（业主）进行沟通，了解委托方的初步意向及对居室空间、功能取向的修改或期望。

准备工作如下。

（1）设计师须带本组其他成员一并到现场。

（2）条件允许可预先准备好图板或支撑图纸的活动支架。

（3）复印好 1∶100 或 1∶50 的建筑框架平面图 2 张（小空间可一张完成），一张记录地面情况，一张记录天花板情况，并尽可能带上设备图（如梁、管线、上下水图纸等）。如果没有原建筑平面图纸，则应带 A3 白纸，做现场徒手画。

（4）备带卷尺、皮拉尺、铅笔、红色笔、绿色笔、橡皮、涂改液、数码相机、电子尺等相关工具。

（5）穿行动方便的运动服装，穿硬底鞋（因工地可能会有许多突发的状况，避免受伤）。

（6）如果进入在建新房现场，应佩戴工地安全帽。

（7）其他要求（如工作证牌等）。

## 二、度量顺序及要点

（1）放线应以柱中、墙中为准，通常测量居室净空尺寸。

（2）详细测量现场的各个空间总长、总宽尺寸，墙柱跨度的长、宽尺寸。记录现场尺寸与图纸的出入情况，记录现场间墙工程误差（如墙体不垂直，墙脚不成直角等）。

（3）标明混凝土墙、柱和非承重墙的位置尺寸。

（4）标注门窗的实际尺寸、开合方式、边框结构及固定处理结构，幕墙结构的间距、框架形式、玻璃间隔，幕墙防火隔断的实际做法，记录采光、通风及户外景观的情况。

（5）测量天面的净空高度、梁底高度，测量梁高、梁宽尺寸，测量梯台结构落差等。

（6）地平面标高要记录现场情况并预计完成尺寸，地面、批荡完成的尺寸控制在 50 mm 以下。

（7）记录雨水管、排水管、排污管、洗手间下沉池、管井、消防栓、收缩缝的位置及大小，尺寸以管中为准，要包覆的则以检修口外最大尺寸为准。

（8）结构复杂的地方测量时要谨慎、精确，如水池要注意斜度、液面控制，中庭要收集各层的实际标高、螺旋梯的弧度、碰接位和楼梯转折位置的实际情况、采光棚的标高、光棚基座的结构标高等。

(9) 检查建筑的位置、朝向、所处地段以及周围的环境状态，包括噪声、空气质量、绿色状况、光照、水状态等。

(10) 用红色笔描画出与建筑结构有出入的部分，标出管道、管井的具体位置；用绿色笔标注尺寸、符号、尺寸线；用黑色笔进行文字记录、标高等。

(11) 现场度量尺寸要准确明细，有些交叉部位无法在同一位置则要标示清楚，可在旁边加注大样草图，或用数码照片加以说明。

## 三、提交现场测量成果要求

(1) 要求完整清晰地标注各部位的情况。

(2) 尺寸标注要符合制图原则，标注尽量整齐明晰，图例要符合规范。

(3) 要有方向坐标指示，外景简约的文字说明，尤其是大厅景观、卧室景观、卫浴间景观。

(4) 天花板要有梁、设备的准确尺寸、标高、位置。

(5) 图纸须全部到场设计人员复核后签署，并请委托方随同工程部人员签署，证明测量图与现场无误。

(6) 现场测量图应作为设计成果的重要组成部分（复印件）附加在完成图纸内，以备核对翻查。

(7) 现场测量图原稿应始终保留在项目文件夹中，以备查验，不得遗失或损毁。

(8) 工地原始结构的变更亦应作上述测量图存档更新，并与原测量图对照使用。

(9) 测量好的现场数据是以后设计的重要依据，到场人员应以务实仔细的态度完成上述工作，并对该图纸真实确切地负责。

## 四、设计方案与构思

### 1. 方案前期的分析工作

(1) 家庭因素分析。

①家庭结构形态：新生期、发展期、老年期等。

②家庭综合背景：籍贯、教育、信仰、职业等。

③家庭性格类型：共同性、个别性格，偏爱、偏恶、特长等。

④家庭生活方式：群体生活、社交生活、私生活、家务态度和习惯等。

⑤家庭经济条件：高、中、低收入型等。

(2) 居室条件分析。

①建筑形态：独栋，集体栋，古老或现代建筑等。

②建筑环境条件：四周景观，近邻情况私密性、宁静性等。

③自然要素：采光、通风、湿度、室温等。

④居室空间条件：平面空间划分与立体空间组织，室内外之间的空间关系，空间面积与造型关系，区域之间的联系，门窗、梁柱、天花板高度变化，平面比例和门窗位置对空间机能的影响等。

(3) 方案构思的表现方法。

把握“功能、形式、技术”辨证的思维方式。

①功能原则——用途系统（实际用途）；

②形式原则——美学系统（合乎审美理想）；

③技术原则——构造系统（合理的结构载体）。

其中，功能居主导地位，是最积极活跃的因素，是方案设计的根据，是形式、技术发展变化的先导。三者关系紧密相关、相互影响，辩证统一，设计师在做方案构思时应反复推敲、综合分析、辩证思考。功能、形式和技术三个方面的关系，可以形成以下五种探讨方式：

（1）功能→形式→技术；

（2）技术→形式→功能；

（3）技术→功能→形式；

（4）形式→功能→技术；

（5）形式→技术→功能。

无论哪种方式，功能的发展都是绝对的、永恒的，是其自发的特点，而技术和形式受制于功能则相对稳定，当然也不是消极、被动地受制于功能，往往以一种新的室内空间形式和技术，积极促进功能向更新的高度发展。

## 五、方案草图的表现

方案草图一般应包括“一草、二草、正草”三个阶段。

**1. 一草**

（1）大量徒手画草图进行平面功能规划和空间形象构思。

（2）分析室内原型空间及已有的条件，确定主要功能区的大体位置，并进行功能分区，画出功能分析图。

（3）合理安排各功能区的交通流线，并画出交通流线图。

（4）分析各功能区应满足的功能需要，对各功能区进行内部规划。

**2. 二草**

（1）比较和调整总平面图。

（2）按已划分的功能区布置合适的家具，考虑人体工学在设计中的应用。

（3）根据总平面图进行地面铺设和顶棚设计，要求与总平面图相协调。

（4）研究立面造型，推敲立面细节，要求满足功能和装饰艺术需要，并与顶棚、平面相协调。

**3. 正草**

（1）考虑室内艺术功能需要，合理布置装饰陈设、绿化等。

（2）改良和弥补二草的缺漏，将方案进一步细化推敲，深入完善。

（3）统一平面、顶棚和立面三者的关系，考虑造型、色彩、材质的完美结合。

（4）画出所有空间的所有面的包覆与装饰。

（5）画出主要空间透视表现图。

（6）考虑各有关工种的配合与协调。

（7）设计上要求功能合理，具有较高文化艺术性，体现人性化环境，确定装饰风格，满足业主的情趣和品位。

（8）正草图纸的要求、比例大小应与正图相同。此外，住宅本身是一个立体的建筑空间，在进行方案构思时应该一直保持立体空间的思维方式。

**4. 效果图表现**

效果图是设计构思的虚拟再现，是为了表现设计方案的空间效果而作的一种三维阐述，通过立体影像模拟真实的设计效果情景。

效果图实现了从平面向三维的空间转换，传递了设计师的意图及对空间创作的深刻感悟。

效果图的表现手段包括手绘透视图、喷绘图和计算机效果图。手绘以纸和笔为主，计算机图则是运用辅助设计软件（如 3dmas，Photoshop，VIZ 等）为主。

# 第二节 案例欣赏

## 一、三居室空间案例欣赏

三居室空间案例如图 11-1 至图 11-12 所示。

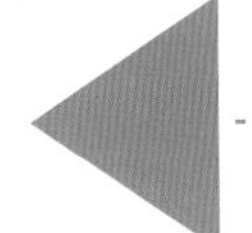

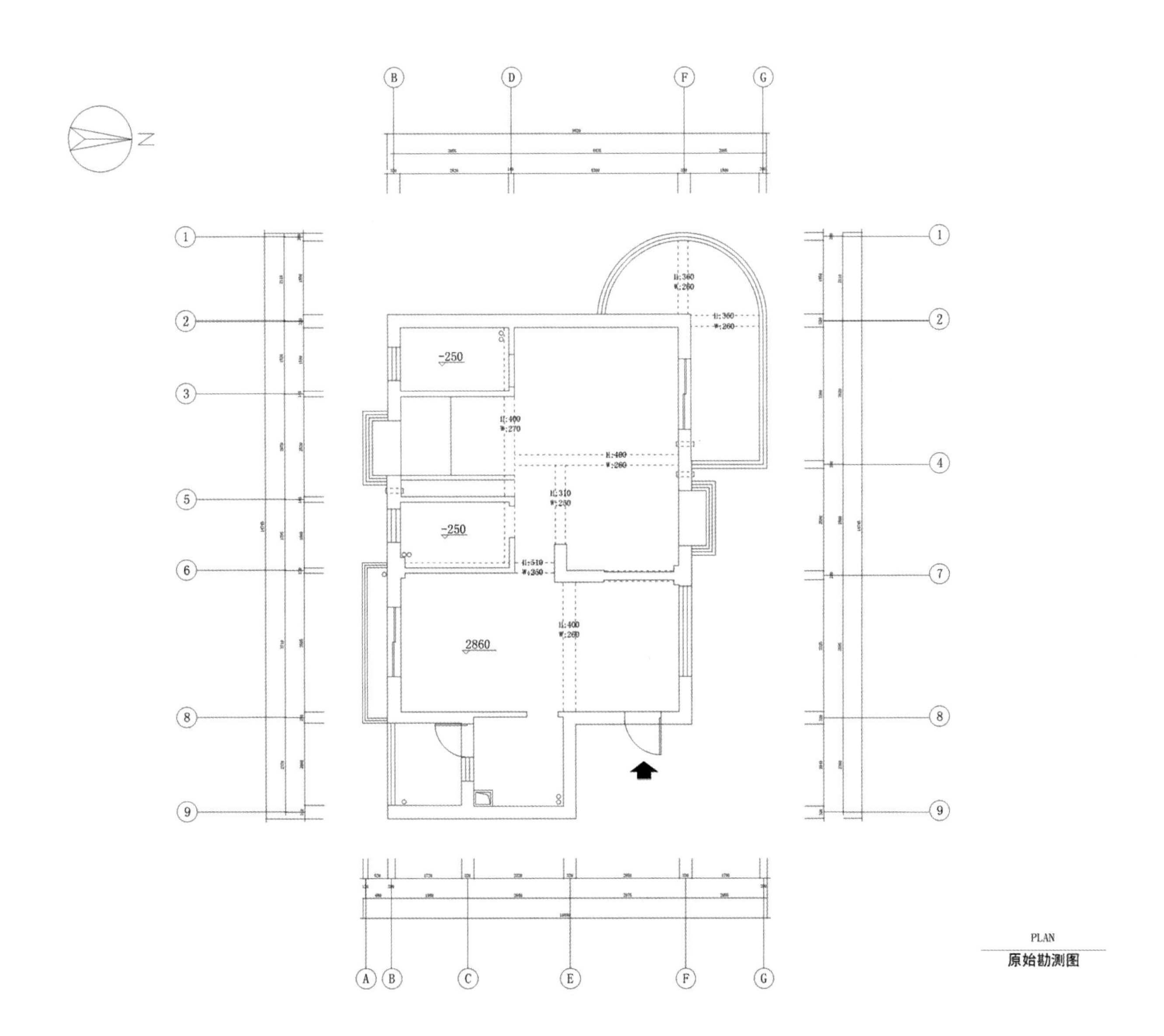


图 11-1　三居室空间一

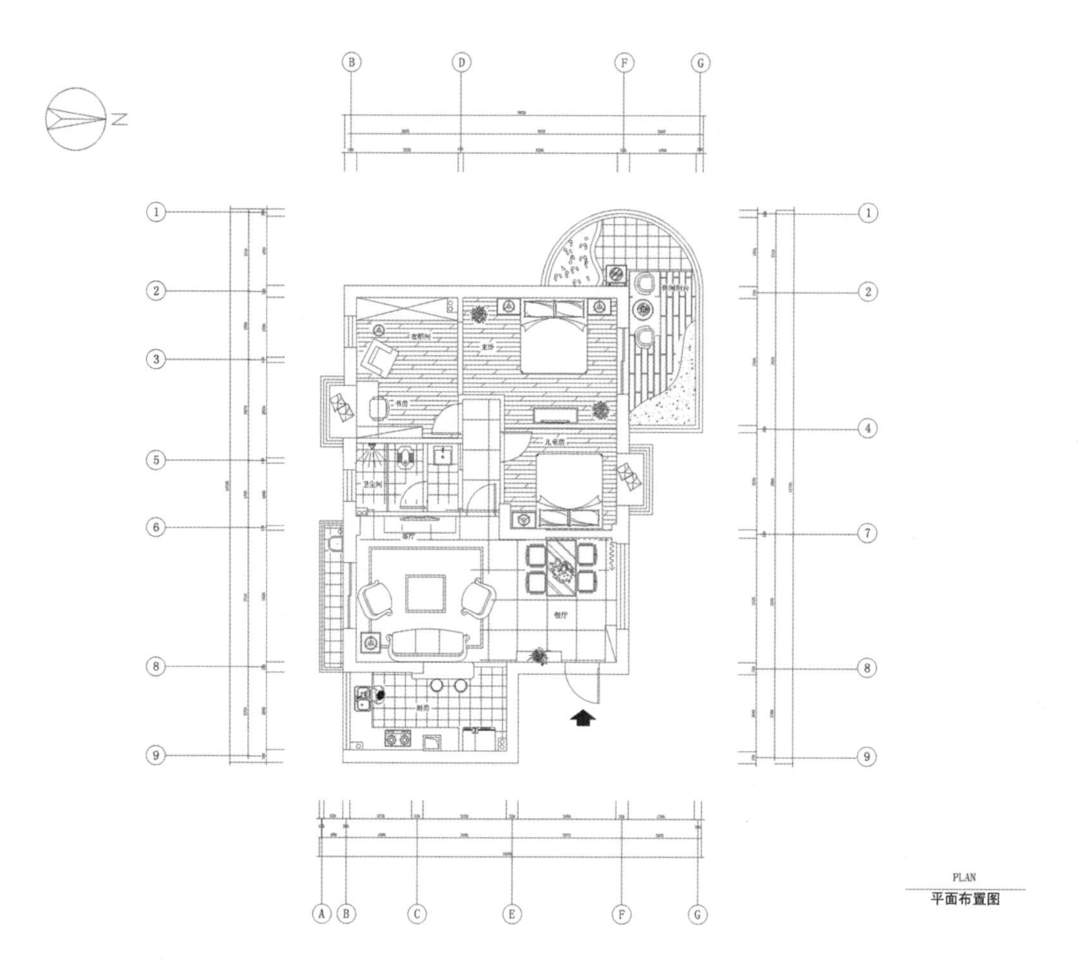


图 11-2　三居室空间二

图 11-3　三居室空间三

图 11-4　三居室空间四

图 11-5　三居室空间五

图 11-6　三居室空间六

图 11-7　三居室空间七

图 11-8　三居室空间八

图 11-9　三居室空间九

图 11-10　三居室空间十

图 11-11　三居室空间十一

图 11-12　三居室空间十二

## 二、中式别墅空间主题设计

中式别墅空间主题设计如图 11-13 至图 11-24 所示。

图 11-13　中式别墅空间设计一

图 11-14　中式别墅空间设计二

图 11-15　中式别墅空间设计三

图 11-16　中式别墅空间设计四

图 11-17　中式别墅空间设计五

图 11-18　中式别墅空间设计六

图 11-19　中式别墅空间设计七

图 11-20　中式别墅空间设计八

图 11-21　中式别墅空间设计九

图 11-22　中式别墅空间设计十

图 11-23　中式别墅空间设计十

图 11-24　中式别墅空间设计十二

# 参考文献

JUSHI KONGJIAN SHEJI


[1] 张伟，庄俊倩，宗轩.室内设计基础教程 [M] .上海：上海人民美术出版社，2008.

[2] 夏晋，廖璇.室内设计基础 [M] .武汉：武汉大学出版社，2008.

[3] 张绮曼，郑曙旸.室内设计资料集 [M] .北京：中国建筑工业出版社，1991.